学ぶ人は、
変えて
ゆく人だ。

目の前にある問題はもちろん、

人生の問いや、

社会の課題を自ら見つけ、

挑み続けるために、人は学ぶ。

「学び」で、

少しずつ世界は変えてゆける。

いつでも、どこでも、誰でも、

学ぶことができる世の中へ。

旺文社

JN047414

も く じ

身のまわりの現象

基礎問題

解答➡別冊解答2ページ

1 光

● 光の〔①　　　　　〕…光が物体の表面ではね返ること。

● 光の〔②　　　　　〕…種類のちが
う物質の境界面に，光がななめに
進むときにその境界面で道すじが
折れ曲がること。

入射角＝反射角

入射角　反射角

入射光　　　　　反射光

鏡

● 凸レンズ…凸レンズの
〔③　　　　〕を通り，凸レンズの面に対して垂直な線を光軸
（凸レンズの軸）という。

● 〔④　　　　〕…光軸に平行な光が凸レンズを通り，屈折して
集まる点。レンズの中心からこの点までの間の距離を
〔④　　　　〕距離という。

● 物体の位置と実像の位置や大きさ

・物体が焦点距離の2
倍の位置より外側にあ
るとき
→物体より
〔⑤　　　　〕実像が，
焦点と焦点距離の2倍
の位置の間にできる。

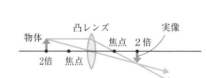

凸レンズ　実像

焦点　2倍　光軸

物体　2倍　焦点

・物体が焦点距離の2
倍の位置にあるとき
→物体と同じ大きさの
実像が
〔⑥　　　　　　　〕の位置にできる。

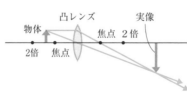

凸レンズ　　　　実像

物体　　　　焦点　2倍

2倍　焦点

・物体が焦点と焦点距離の2倍の位置の間にあるとき
→物体より〔⑦　　　　〕実像が，焦点距離の2倍より外側
の位置にできる。

凸レンズ　　　　実像

物体　　　焦点　2倍

2倍　焦点

光

参考

入射角と屈折角

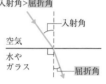

入射角＞屈折角

入射角

空気

水や
ガラス

屈折角

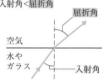

入射角＜屈折角

屈折角

空気

水や
ガラス

入射角

知っトク

光が水やガラスの中から空
気中に進むとき，入射角が
ある角度より大きいと境界
面ですべて反射する。これ
を全反射という。

参考

実像…凸レンズをはさんで
物体と反対側にあるスク
リーンなどに，物体からの
光が集まってできる像。上
下左右が逆向きの像になる。

参考

虚像…物体が焦点の位置よ
り内側にあるときに，物体
の反対側から凸レンズを通
して見える像。上下左右が
同じ像になる（逆向きには
ならない）。

2 音

- 音の速さ…空気中で約〔⑧　　　　　〕m/s である。
- 気体や液体，固体の中で音は伝わるが，〔⑨　　　　　〕中では音は伝わらない。
- 音の大きさ

  大きい音…〔⑩　　　　　〕が大きい。

  小さい音…〔⑩　　　　　〕が小さい。
- 音の高さ

  高い音…〔⑪　　　　　〕が多い。

  低い音…〔⑪　　　　　〕が少ない。
- 弦の振動

  ・大きな音を出すとき

  →弦を〔⑫　　　　　〕はじく。

  ・高い音を出すとき

  →弦の長さを〔⑬　　　　　〕する。

  　弦の太さを〔⑭　　　　　〕する。

  　弦を〔⑮　　　　　〕張る。

▼ オシロスコープで見た音のようす

高い音 ←→ 低い音

大きい音

小さい音

▼ 弦の振動のようす

振幅

3 力

- 力の単位…力の単位にはニュートン（記号：N）が用いられる。

  約〔⑯　　　　　〕g の物体にはたらく重力の大きさを 1N とする。
- 〔⑰　　　　　　　〕…ばねののびから力の大きさをはかる器具。
- 〔⑱　　　　　〕の法則…ばねののびはばねに加わる力の大きさに比例する。
- 力のつり合い…1 つの物体に 2 つの力がはたらいていて，その物体が動かないとき，物体にはたらく力は〔⑲　　　　　　　〕。
- 2 力がつり合う条件

  ・2 力が〔⑳　　　　　〕にある。

  ・2 力の大きさが〔㉑　　　　　〕。

  ・2 力の向きが〔㉒　　　　　〕である。

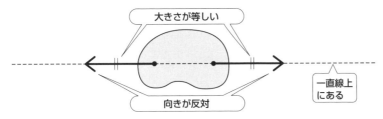

大きさが等しい

向きが反対

一直線上にある

1日目
2日目
3日目
4日目
5日目
6日目
7日目
8日目
9日目
10日目

音

【資料】

音は水中では約 1500m/s の速さで伝わる。音の速さは空気や水の温度によって変わる。

【参考】

振幅…物体が振動する振れ幅。

振動数…物体が 1 秒間に振動する回数。単位はヘルツ（記号：Hz）。

【資料】モノコード

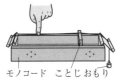

モノコード　ことじ　おもり

力

【資料】

▼ ばねばかり

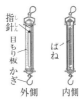

指針

目もり板

かぎ

外側

ばね

内側

【参考】

・垂直抗力と重力

床の上に置いた物体にはたらく垂直抗力と重力はつり合っている。

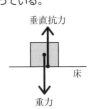

垂直抗力

床

重力

身のまわりの現象

得点

/100点

基礎力確認テスト

解答 ➡ 別冊解答2ページ

1 凸レンズによってできる像について調べるため，次の実験を行った。あとの問いに答えなさい。[8点×6]　〈大分・改〉

図1

[1] 図1のように，「F」型に光る光源，焦点距離のわからない凸レンズ，ついたて，ものさしを用いて実験装置をつくった。

[2] 光源の位置は，ものさしの0cmの位置に固定し，凸レンズとついたてはものさしに沿って動かせるようにした。

[3] 凸レンズをものさしのめもり8cm，16cm，24cm，32cmの位置に置き，はっ

測定	①	②	③	④
凸レンズの位置〔cm〕	8	16	24	32
ついたての位置〔cm〕	像はできない	64	48	51
像の大きさ（実物との比較）	調べられない	(a)	実物と同じ	(b)

きりとした像ができるときの，ついたての位置をものさしのめもりで測定した。また，ついたてにできた像の大きさも調べた。結果をまとめると，上の表のようになった。

(1) 測定①ではついたてに像はできなかったが，ついたての方から凸レンズをのぞくと像が見えた。この像を何というか，書きなさい。　　　（　　　　　　　）

(2) 測定③で，凸レンズの方からついたてにできた像を見ると，どのように見えるか。右の図のア〜エから1つ選び，記号で答えなさい。

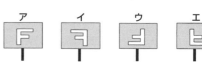

ア　イ　ウ　エ

（　　　　　　　）

(3) 図2は，測定③において，光源の上端にある点Pから出た光が進む道すじを模式的に表そうとしたものである。点Pから出た3本の光の道すじを図2に作図しなさい。

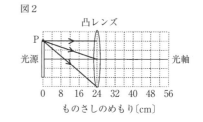

図2

(4) この凸レンズの焦点距離を求めなさい。

（　　　　　　　）

(5) 表の空欄(a)，(b)にあてはまるものを，次のア〜ウからそれぞれ1つずつ選び，記号で答えなさい。

　　ア　実物と同じ　　イ　実物より小さい　　ウ　実物より大きい

(a)（　　　　　　　）　　(b)（　　　　　　　）

2 音に関する実験について，次の問いに答えなさい。[8点×3] 〈山口・改〉

(1) 図1のようにモノコードの弦をはじいて，音を出した。次に，振動する弦の長さを変え，振動の幅が変わるようにはじいたところ，最初に出した音より低く，大きな音が出た。振動する弦の長さと振動の幅をどのように変えたか。

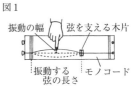

図1

振動の幅　弦を支える木片

振動する弦の長さ　モノコード

振動する弦の長さ（ 　　　　　　　　　　　 ）　　　振動の幅（ 　　　　　　 ）

(2) 図2のように，ブザーを容器に入れて，音を出し続けた。容器内の空気を真空ポンプで抜くと，ブザーから聞こえてくる音はしだいに小さくなった。その後，容器内に空気を入れると，ブザーの音は空気を抜く前と同じ大きさになった。この実験から確かめられる空気のはたらきを簡潔に書きなさい。

図2

糸

ブザー

真空ポンプ

（ 　　　　　　　　　　　　　　　　　　　　　　 ）

3 2つのおんさX，Yがあり，Xは1秒間に330回振動する。図1は，Xをたたいたときの音を測定し，そのようすをコンピュータの画面に表したものである。━━で示した範囲の曲線は，おんさの1回の振動のようすである。図2は，Xのときと同じ条件のもとで測定したYの音のようすを画面に表したものである。ただし，画面の縦軸は音の振幅，横軸は時間を表している。Yは1秒間に何回振動したか。[10点] 〈山梨・改〉　（ 　　　　　　 ）

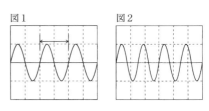

図1　　　図2

4 図のように，てんびんの左側にばねと物体Aをつるし，右側に質量270gのおもりXをつるしたところ，てんびんは水平につり合った。グラフは，実験で用いたばねを引く力の大きさとばねののびの関係を表している。実験で用いたてんびんは，支点から糸をつるすところまでの長さが左右で等しい。また，ばねと糸の質量や体積は考えないものとし，質量100gの物体にはたらく重力の大きさを1Nとする。[9点×2] 〈福島・改〉

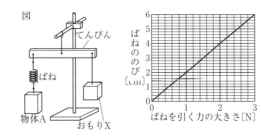

図

てんびん

ばね

物体A　おもりX

ばねののび〔cm〕

ばねを引く力の大きさ〔N〕

(1) このときばねののびは何cmか。求めなさい。　（ 　　　　　　 ）

(2) 月面上で下線部の操作を行ったときの，ばねののびとてんびんのようすを示したものとして適切なものを，右から1つ選びなさい。ただし，月面上で物体にはたらく重力の大きさは地球上の6分の1であるとする。

	ばねののび	てんびんのようす
ア	地球上の6分の1	物体Aの方に傾いている
イ	地球上の6分の1	おもりXの方に傾いている
ウ	地球上の6分の1	水平につり合っている
エ	地球上と同じ	物体Aの方に傾いている
オ	地球上と同じ	おもりXの方に傾いている
カ	地球上と同じ	水平につり合っている

（ 　　　　　　 ）

1日目

2日目

3日目

4日目

5日目

6日目

7日目

8日目

9日目

10日目

2 日目 身のまわりの物質

基礎問題

解答 ➡ 別冊解答3ページ

1 物質の性質

● 金属の性質

・みがくと〔①　　　　　　　〕が見られる。

・〔②　　　　　　〕や熱をよく通す。

・引っ張ると細く〔③　　　　　　〕性質(延性),たたくとうすく広がる性質(展性)がある。

● 密度…物質〔④　　　　　　〕cm³ あたりの質量。

$$密度〔g/cm^3〕 = \frac{質量〔g〕}{体積〔cm^3〕}$$

● 〔⑤　　　　　〕…炭素をふくむ物質。加熱すると炭になったり,燃えて二酸化炭素が発生したりする。炭素や二酸化炭素はあてはまらない。

2 気体の性質

● 気体の集め方

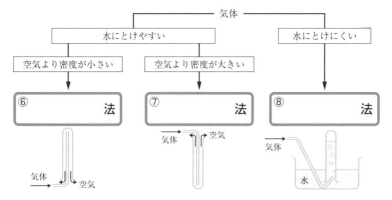

● 二酸化炭素…石灰水に通すと石灰水が白くにごる。石灰石に〔⑨　　　　　　　〕を加えると発生する。

● 酸素…ものを燃やすはたらきがある。二酸化マンガンに〔⑩　　　　　　　〕を加えると発生する。

物質の性質

注意!

磁石につくことは金属に共通の性質ではない。

参考

密度は物質によって決まっているので,物質を区別するのに用いられる。

物質	密度〔g/cm³〕
水素	0.00008
酸素	0.00133
二酸化炭素	0.00184
水(4℃)	1.00
エタノール	0.79
鉄	7.87

気体の性質

資料

二酸化炭素は,水に少しとけて空気より密度が大きいので,水上置換法,または下方置換法で集める。酸素は,水にとけにくいので,水上置換法で集める。

- 〔⑪　　　　　〕…気体の中でもっとも密度が小さい。火をつけると音を立てて気体自身が燃え，水ができる。アルミニウムや鉄，亜鉛などにうすい塩酸や硫酸を加えると発生する。
- 〔⑫　　　　　〕…鼻をつく刺激臭がある。水に非常によくとける。

3 水溶液の性質

- 質量パーセント濃度…〔⑬　　　　　〕の質量が溶液全体の質量の何％にあたるかを示したもの。

$$質量パーセント濃度〔\%〕＝\frac{〔⑬　　　　　〕の質量〔g〕}{溶液の質量〔g〕}×100$$

- 〔⑭　　　　　〕…物質がそれ以上とけることができなくなった水溶液。
- 溶解度…水〔⑮　　　〕gにとけることのできる溶質の質量。水の温度によって変化する。
- 溶解度曲線…〔⑯　　　　〕と温度の関係をグラフにしたもの。

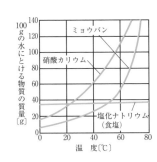

4 状態変化

- 物質の状態変化

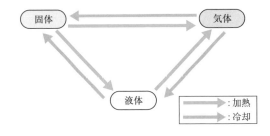

- 水の加熱
  氷が〔⑰　　　　　〕間や水が沸とうしている間は温度が上がらない。

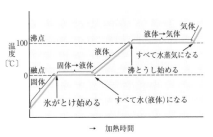

1日目
2日目
3日目
4日目
5日目
6日目
7日目
8日目
9日目
10日目

資料

水素は，水にとけにくいので，水上置換法で集める。アンモニアは，水に非常によくとけて空気より密度が小さいので，上方置換法で集める。

水溶液の性質

注意

溶液の質量は溶質の質量と溶媒の質量の和である。また，質量の単位は同じにすること。

参考

▼ 水溶液から溶質をとり出す

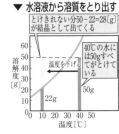

温度による溶解度の差を利用して，水にとけている固体をとり出すことを再結晶という。

状態変化

わしく

沸とうして気体になるときの温度を沸点，融解するときの温度を融点という。

知っトク

混合物の沸点や融点は決まった温度にならない。混ざっているものがそれぞれの沸点で沸とうし，それぞれの融点でとける。

身のまわりの物質

2
日目

基礎力確認テスト

解答 ➡ 別冊解答3ページ

1 粉末X，Y，Zは，食塩，砂糖，デンプンのいずれかである。X，Y，Zの水へのとけ方を調べたところ，XとZはとけたがYはとけなかった。また，アルミニウムはくの容器に入れて加熱したところ，XとYはこげたがZには変化が見られなかった。次の問いに答えなさい。[8点×3]

〈秋田・改〉

(1) 水へのとけ方を調べるとき，試験管の持ち方として最も適切なものはどれか。右の図の**ア～エ**から1つ選び，記号で答えなさい。

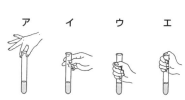
ア　イ　ウ　エ

（　　　　　）

(2) 粉末Xと粉末Zは，それぞれ何か。

X（　　　　　）　　Z（　　　　　）

2 右の図1のように，水とエタノールの混合物を加熱し，混合物の温度を1分ごとに記録した。氷水につけた試験管は，2分ごとに試験管A～Eの順にとりかえた。その結果，試験管Aには液体はたまらなかったが，試験管B～Eには液体がたまった。右の表は，試験管B～Eの液体をそれぞれ蒸発皿に移し，マッチの火を近づけて，燃えるかどうかを調べた結果である。図2は，この実験での混合物の加熱時間とその温度との関係をグラフに表したものである。次の問いに答えなさい。[9点×4]

〈奈良・改〉

図1
温度計
水とエタノールの混合物
試験管
沸とう石
氷水

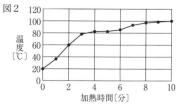
図2

試験管	物質を集めた時間帯〔分〕	結果
A	0～2	———
B	2～4	燃えた。
C	4～6	燃えた。
D	6～8	燃えた。
E	8～10	燃えなかった。

(1) この実験で，丸底フラスコの中に沸とう石を入れた理由を簡単に書きなさい。

（　　　　　　　　　　　　　　　　　）

(2) この実験で，試験管を氷水で冷やしたのは，試験管の中で，どのような状態変化を起こさせるためか。簡単に書きなさい。

（　　　　　　　　　　　　　　　　　）

(3) 試験管B〜Eのうち，エタノールが最も多くたまった試験管はどれか。記号で答えなさい。　　　　　　　　　　　　　　　　　　　　　　　　　　（　　　　　）

(4) 物質の状態変化を利用して，物質をとり出しているものを，次の**ア**〜**エ**から1つ選び，記号で答えなさい。　　　　　　　　　　　　　　　　　　　　（　　　　　）

　　ア うすい塩酸に亜鉛を入れて，発生する気体をとり出した。

　　イ とけ残りがある食塩水をろ過して，食塩をとり出した。

　　ウ 原油を加熱して，ガソリンをとり出した。

　　エ 硝酸カリウムの飽和水溶液を冷やして，結晶をとり出した。

3 水素と二酸化炭素の性質について，次の問いに答えなさい。[8点×3]　　　　　　　　〈新潟・改〉

(1) 水素を入れた試験管の口にマッチの炎を近づけたところ，ボッと音を立てて燃え，試験管の内部がくもった。ある試験紙を用いて，くもった部分に水が生じたことを確認した。

　　① ある試験紙とは何か。　　　　　　　　　　　　　　　（　　　　　　　　　　）

　　② ①の試験紙は，何色に変化したか。　　　　　　　　　（　　　　　　　　　　）

(2) 二酸化炭素を入れた試験管に石灰水を入れ，ゴム栓をしてよく振るとどのような変化が見られるか。簡単に書きなさい。　　　　　　　（　　　　　　　　　　　　　　　　　）

4 水溶液について，次の(1)，(2)に答えなさい。[8点×2]　　　　　　　　　　　　　　〈島根〉

(1) 右の図は，物質**ア**，**イ**，**ウ**，**エ**の溶解度曲線である。80℃の水100gでつくったそれぞれの飽和水溶液を40℃まで冷却したとき，最も多く結晶をとり出すことができる物質はどれか，右の図の**ア**〜**エ**から1つ選んで記号で答えなさい。　　　（　　　　　）

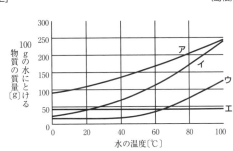

(2) 次のA，Bの水溶液の濃さ(濃度)について述べたものとして正しいものを，次の**ア**〜**エ**から1つ選んで記号で答えなさい。　　　　　　　　　　　　　　　（　　　　　）

　　A：水75gに砂糖25gをとかした水溶液

　　B：水160gに砂糖40gをとかした水溶液

　　ア Aの方が濃い。

　　イ Bの方が濃い。

　　ウ A，Bどちらも同じ濃さである。

　　エ A，Bどちらが濃いとはいえない。

電流

基礎問題

解答 ➡ 別冊解答4ページ

1 回路

● 回路…〔①　　　　　〕が切れ目なく流れる道すじのこと。

● 〔②　　　　　〕…回路のようすを，電気用図記号で表したもの。

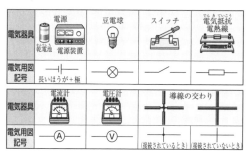

電気器具	電源 乾電池 電源装置	豆電球	スイッチ	電気抵抗 電熱線
電気用図記号	長いほうが＋極	⊗		

電気器具	電流計	電圧計	導線の交わり	
電気用図記号	Ⓐ	Ⓥ	(接続されているとき)	(接続されていないとき)

● 電流…回路を流れる電流は電流計ではかることができる。電流
計ははかりたい部分に〔③　　　　　〕につなぐ。電流の単位は
アンペア（記号：A）やミリアンペア（記号：mA）。

● 電圧…回路に電流を流そうとするはたらきのこと。電圧は電圧
計ではかることができ，電圧計ははかりたい部分に
〔④　　　　　〕につなぐ。電圧の単位はボルト（記号：V）。

● 直列回路…〔⑤　　　　　〕の流れる道すじが1本でつながって
いる回路。

● 直列回路の電流…電流の大きさはどの点でも〔⑥　　　　　〕。

● 直列回路の電圧…各部分に加わる電圧の和が〔⑦　　　　　〕の
電圧に等しい。

● 並列回路…〔⑧　　　　　〕の流れる道すじが枝分かれしている
回路。

● 並列回路の電流…枝分かれしたあとのそれぞれの電流の大きさ
の〔⑨　　　　　〕が枝分かれする前の電流の大きさになる。

● 並列回路の電圧…各部分に加わる電圧は〔⑩　　　　　〕の電圧
と等しい。

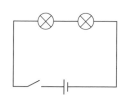
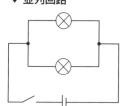

1日目

2日目

3日目

4日目

5日目

6日目

7日目

8日目

9日目

10日目

2 抵抗

● 〔⑪　　　　　　〕の法則…抵抗を流れる電流の大きさは，抵抗の
両端に加わる電圧の大きさに比例する。

● 直列回路全体の抵抗…各部分の抵抗の値の〔⑫　　　　　　〕に等
しい。

● 並列回路全体の抵抗…1つ1つの抵抗の値よりも
〔⑬　　　　　〕くなる。

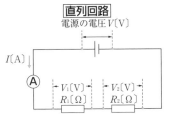
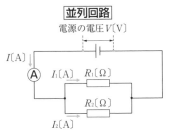

3 電力

● 電力…電気器具が一定時間に光や〔⑭　　　　　　〕を出したり，
物体を運動させたりする能力のこと。単位はワット(記号：W)。

　　電力〔W〕＝電圧〔V〕×電流〔A〕

● 熱量…電熱線などから発生した熱の量。単位は〔⑮　　　　　　〕
(記号：J)。1gの水の温度を〔⑯　　　　　〕℃上げるのに必要
な熱量は約4.2Jである。

● 電流による発熱…電流による発熱量は，「電力」と「電流を流
した〔⑰　　　　　〕」に比例する。

4 静電気と放射線

● 静電気の性質…静電気には＋と〔⑱　　　　　　〕の2種類がある。
同じ種類の電気どうしにはしりぞけ合う力がはたらき，ちがう
種類の電気どうしには〔⑲　　　　　　　〕力がはたらく。

● 〔⑳　　　　　〕…クルックス管(真空放電管)に大きな電圧を加
えたとき，放電管の－極から＋極に向かって出て見える線。

● 電子…〔㉑　　　　　〕の電気をもった非常に小さな粒子。

● 〔㉒　　　　　〕…X線，α線，β線，γ線，中性子線などがあり，
自然界にも存在する。

● 性質と利用…目に見えない。物質を通りぬけたり(透過性)，物
質を変質させたりする。多量に浴びると生物のからだに影響を
及ぼすが，一方で，医療での診断や治療，農業や工業などに利
用されている。

抵抗

くわしく

抵抗R〔Ω〕の両端にV〔V〕
の電圧を加えたときに流れ
る電流をI〔A〕とすると，
オームの法則は，次のよう
に書ける。

$$I = \frac{V}{R}$$

くわしく

回路全体の抵抗R〔Ω〕を式
で表すと，

直列回路　$R = R_1 + R_2$

並列回路　$\frac{1}{R} = \frac{1}{R_1} + \frac{1}{R_2}$

電力

くわしく

熱量〔J〕
　＝電力〔W〕×時間〔s〕

静電気

参考　静電気が生じる理由

ちがう種類の物質をたがい
に摩擦すると，一方の物質
の－の電気がもう一方の物
質に移動するため，一方の
物質は＋の，もう一方の物
質は－の電気を帯びるよう
になる。

参考

・X線…真空放電管から出
る放射線て，レントゲン
が発見した。

・放射性物質…放射線を出
す物質。

・放射能…放射性物質が放
射線を出す能力。

電流

得点

／100点

基礎力確認テスト

解答 ➡ 別冊解答4ページ

1 摩擦によって発生する電気の性質について調べるために，次の実験を行った。あとの問い
に答えなさい。[10点×2] 　　　　　　　　　　　　　　　〈宮崎・改〉

図1

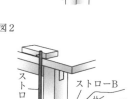

実験　①虫ピンをさしたプラスチックのストローAを綿布で摩擦
し，消しゴムにとりつけ，図1のように置いた。

②摩擦した綿布をストローAに近づけると，ストローAが綿布に
近づいた。

③綿布で摩擦したストローAに，図2のように，綿布で摩擦した
プラスチックのストローBを近づけた。

(1) ストローAと綿布のように，ちがう種類の物質をたがいに摩
擦したときに発生する電気を何というか。（　　　　　　　　）

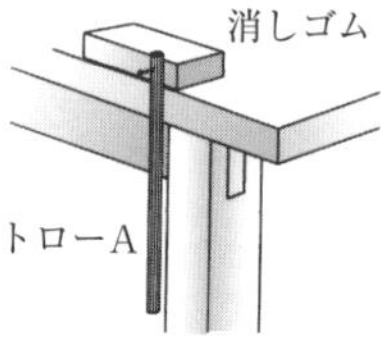

(2) 実験の③で，ストローAはどうなったか。次の**ア**～**ウ**から1
つ選び，記号で答えなさい。　　　　　　　（　　　　　　）

ア ストローBに近づいた。

イ ストローBから遠ざかった。

ウ 動かなかった。

2 電流と電圧の関係を調べるために，抵抗器などを用いて次の実験を行った。あとの問いに
答えなさい。[15点×2] 　　　　　　〈山口・改〉

実験　図1の回路図にしたがい，回路
をつくった。スイッチを入れ，抵抗器
にかかる電圧を1V，2V，3V，4Vと
変化させ，抵抗器を流れる電流を測定
した。その結果を表にまとめた。

(1) 図1の回路図にしたがい，図2の
•（黒丸）を線で結んで回路を完成
させなさい。

(2) 表をもとに，「電圧」と「電流」の
関係を表すグラフを，横軸と縦軸

図1

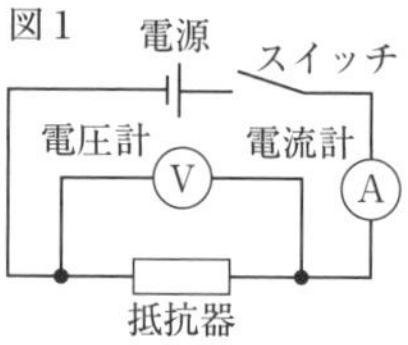

電圧〔V〕	1	2	3	4
電流〔A〕	0.10	0.21	0.29	0.41

図2

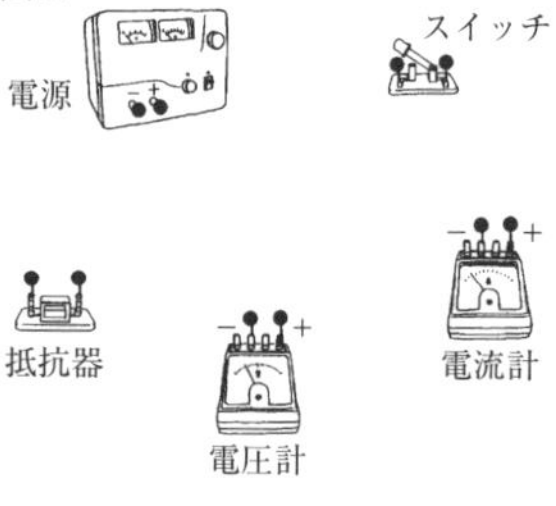

図3

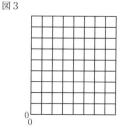

に量と単位，目盛りとなる数値を適切に入れて，図3にかきなさい。

3 図は，電熱線に電流を流して発熱させ，水をあたためる装置を示したものである。電熱線A，電熱線B，電熱線Cそれぞれに6Vの電圧で同じ時間だけ電流を流して発熱させ，水の上昇温度をそれぞれ測定した。表は，この測定の結果を示したものである。これに関して，あとの問いに答えなさい。[10点×2]　　　　　　　　　　　　　　　　　　　　　　　　　〈広島〉

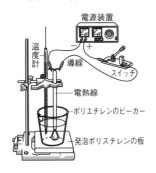

	電熱線A	電熱線B	電熱線C
電　力〔W〕	6	9	18
上昇温度〔℃〕	3.9	5.9	11.6

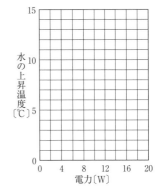

(1) 6Vの電圧で電流を流したときの電熱線Cの電気抵抗は何Ωか。　　　　　　　　　　　　　　　　　（　　　　　　　）

(2) 表をもとに，電熱線が消費する電力と水の上昇温度の関係を表すグラフをかきなさい。

4 電圧と電流の関係を調べるために，次の実験を行った。あとの問いに答えなさい。[10点×3]　　　　　　　　　　　　　　　　　　　　　　　　　〈兵庫・改〉

実験1　電源装置に抵抗の値のわからない電熱線をつなぎ，電圧計と電流計をつないだ回路をつくった。次に，電熱線に加わる電圧を0Vから10.0Vまで変化させて，流れる電流を測定した。図1は，その結果をグラフに表したものである。

実験2　図2のように実験1で使用した電熱線(電熱線A)ともう1つの電熱線(電熱線B)をつないだ回路をつくった。電源装置の電圧を10.0Vにしたとき，電熱線Aに加わる電圧を測定すると8.0Vであった。

図1

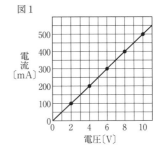

図2

(1) 実験1で使用した電熱線の抵抗の値を求め，単位とともに書きなさい。

　　　　　　　　　　　　　　　　　　　（　　　　　　　）

(2) 実験2において，電熱線Bに加わる電圧は何Vか。

　　　　　　　　　　　　　　　　　　　（　　　　　　　）

(3) 電熱線Bの抵抗の値を求め，単位とともに書きなさい。

　　　　　　　　　　　　　　　　　　　（　　　　　　　）

4日目 電流と磁界

基礎問題

解答 ➡ 別冊解答5ページ

1 電流がつくる磁界

● 磁力…磁石の２つの〔① 　　　　〕
による力。

● 磁界…〔② 　　　　〕のはたらく空
間。磁界の向きは，磁界に置いた磁
針のN極がさす向きである。

● 磁力線…〔③ 　　　　〕にそっ
てかいた線。

● 電流のまわりの磁界

・導線のまわりの磁界

→導線のまわりに〔④ 　　　　〕
の磁界ができる。電流が大きい
ほど磁界は〔⑤ 　　　　〕くな
る。

・コイルの内部の磁界

→コイルの内部には，コイルの軸
に〔⑥ 　　　　〕に磁界ができ
る。電流が大きいほど磁界は強
くなる。また，コイルの
〔⑦ 　　　　〕が多いほど磁界
は強くなる。

▼ 磁石の磁力線

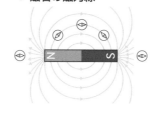

▼ 導線を流れる電流による
磁力線

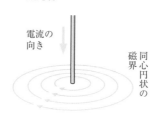

電流の
向き

同心円状の磁界

▼ コイルを流れる電流による
磁力線

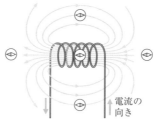

電流の
向き

2 電流が磁界から受ける力

● 電流が磁界から受ける力…
〔⑧ 　　　　〕の中にある導線に電
流が流れると，導線は力を受ける。

● 力の向き…〔⑨ 　　　　〕の向きと
磁石の磁界の向きで決まる。

▼ フレミングの左手の法則

磁界の向き
電流の向き
力の向き

左手

電流がつくる磁界

注意!

磁石には必ずN極とS極が
ある。

注意!

電流の向きが逆になると，
磁界の向きも逆になる。

参考

導線を流れる電流による磁
界の向き

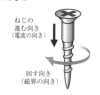

ねじの
進む向き
（電流の向き）

回す向き
（磁界の向き）

コイルを流れる電流による
磁界の向き

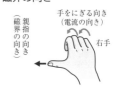

手をにぎる向き
（電流の向き）

磁界の向き

親指の向き

右手

知っトク

導線からの距離が近いほど
磁界は強くなる。

電流が磁界から
受ける力

知っトク

電流が磁界から受ける力の
向きを逆にするには，電流
か磁石の磁界の向きの一方
を逆にすればよい。

● 電流が受ける力を強くする方法
　・〔⑩　　　　　　〕の大きさを大きくする。
　・磁界を〔⑪　　　　　　〕する。
● 〔⑫　　　　　　　〕…磁界の中で電流にはたらく力を利用して，
コイルを回転させている。

3 電磁誘導

● 電磁誘導…コイルの中の〔⑬　　　　〕
が変化すると，コイルに電圧が生じ，
〔⑭　　　　　〕が流れる現象のこと。
● 誘導電流…〔⑮　　　　　　　〕によっ
て流れる電流。
● 誘導電流の大きさを大きくする方法
　・コイルの〔⑯　　　　　〕を多くする。
　・磁石を〔⑰　　　　〕く動かす。
　・〔⑱　　　　　〕が強い磁石に変える。
● 誘導電流の向き…磁界の〔⑲　　　　　〕をさまたげる向きに誘
導電流が流れる。誘導電流は次のとき逆向きに流れる。
　・磁石を〔⑳　　　　　　　〕ときと遠ざけるとき。

▼ 電磁誘導

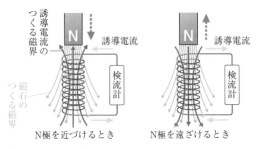

N極を近づけるとき　　　N極を遠ざけるとき

　・磁石の〔㉑　　　　　〕を変えたとき。
● 〔㉒　　　　　〕…電磁誘導を利用して電流をとり出す装置。

4 直流と交流

● 〔㉓　　　　　〕…一定の向きに一定の大きさで流れる電流。
● 〔㉔　　　　　〕…向きが周期的に変化する電流。

<わしく

下の図のようにコイルをU
字形磁石の極の間に入れ，
電流を流すと，コイルは力
を受けて動く。

力の向き

電流の
向き

磁界の向き

電磁誘導

トク

検流計は電流が流れたこと
を確認する器具である。電
流が＋端子から流れこむと
針は右に，－端子から流れ
こむと針は左に振れる。

参考

自転車のライトの発電機は
下の図のように，コイルの
入った筒に磁石を入れたも
のになっている。磁石を回
すとコイルに誘導電流が流
れ，ライトが点灯する。

コイル　　　　　回転磁石

直流と交流

参考

家庭のコンセントから流れ
る電流は交流である。

1日目
2日目
3日目
4日目
5日目
6日目
7日目
8日目
9日目
10日目

電流と磁界

得点

／100点

基礎力確認テスト

解答 ➡ 別冊解答5ページ

1 電流と磁界に関する以下の実験を行った。あとの問いに答えなさい。[8点×3] 〈沖縄・改〉

実験 図1のように，電源装置と 20 Ω の電熱線の間にコイルをつないだ。スイッチを入れ，コイルに磁針を近づけると，A点では図2のように針が振れた。

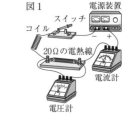

図1 電源装置 スイッチ コイル 20Ωの電熱線 電流計 電圧計

(1) 実験で図2のB点とC点に磁針をおいたとき，磁針のさす向きとして最も適当なものを，次の**ア〜エ**からそれぞれ1つ選んで記号で答えなさい。　　B（　　）　C（　　）

ア ―N極　イ　ウ　エ

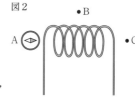

図2 ・B

A ・C

(2) 実験で電熱線をつないだ理由の説明として最も適当なものを，次の**ア〜エ**から1つ選んで記号で答えなさい。　　（　　）

ア コイルに電圧を十分にかけるため。

イ 回路に大きい電流が流れないようにするため。

ウ 回路に電流を流れやすくするため。

エ コイルで電力を消費するため。

2 右の図1のような回路をつくり，導線につないだアルミニウムでできた金属棒を，U字形磁石の磁界の中に水平につるした。電流を流してどのような力がはたらくか調べたところ，金属棒は⇨の向きに動いた。図2で，U字形磁石による磁界の向きは，**ア**，**イ**のどちらか。また，金属棒を流れる電流による磁界の向きは，**ウ**，**エ**のどちらか。正しいものをそれぞれ1つ選び，その記号を書きなさい。[8点×2] 〈青森・改〉

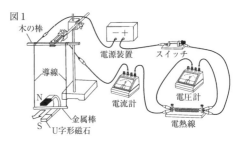

図1 木の棒 電源装置 スイッチ 導線 電流計 電圧計 N 金属棒 S U字形磁石 電熱線

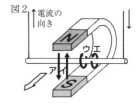

図2 電流の向き N ウエ ア S

U字形磁石による磁界の向き　　　　（　　　　）

金属棒を流れる電流による磁界の向き　（　　　　）

3 コイルを流れる電流とU字形磁石がつくる磁界との関係について
調べるため，直流電源装置や抵抗器などの実験装置を用いて，図
のような回路をつくり，実験を行った。回路に電流を流すと，コ
イルが動いた。このことについて，あとの各問いに答えなさい。

[10点×2]

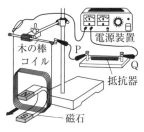

〈三重〉

(1) 図と同じ実験装置を用いて，コイルが動く向きを逆にするに
はどのようにすればよいか，「コイル」という言葉を使って簡単に書きなさい。ただし，
スタンドとU字形磁石は動かさないものとする。

(　　　　　　　　　　　　　　　　　　　　　　　　　)

(2) 上の実験で用いた抵抗器と同じ抵抗器を用いて，PQ間が次の**ア〜ウ**のつなぎ方になる
回路をつくった。それぞれの回路に電流を流すと，コイルの動き方の大きさにちがいが
見られた。コイルの動き方が大きい順に並べるとどうなるか。**ア〜ウ**の記号を左から並
べて書きなさい。ただし，PQ間の電圧は，すべて等しいものとする。

(　　　　　→　　　　　→　　　　　)

4 コイル，棒磁石，検流計を使って，次の実験を行った。あとの問いに答えなさい。[10点×4]

〈宮崎・改〉

実験　右の図のような装置で，棒磁石のS極を上から近
づけると，検流計の針が左に振れた。

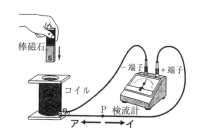

(1) 実験から，回路に電流が流れたことがわかる。この
電流を何というか。

(　　　　　　　　　)

(2) 実験の結果から，図のP点を流れる電流の向きは**ア**
と**イ**のどちらか。記号で答えなさい。

(　　　　　　　　　)

(3) この実験の後，次の**ア〜エ**のような操作を行った。このとき，検流計の針が右に振れる
のはどれか。2つ選び，記号で答えなさい。

(　　　　　)　(　　　　　)

ア 棒磁石のS極をコイルの中に入れ，静止させる。

イ 棒磁石のS極をコイルの中から上に遠ざける。

ウ 棒磁石の上下を逆さまにして，N極を上からコイルに近づける。

エ 棒磁石の上下を逆さまにして，N極をコイルの中から上に遠ざける。

原子・分子

基礎問題

解答 ➡ 別冊解答6ページ

1 物質の成りたち

- 分解…1種類の物質が2種類以上の別の物質に〔①　　　　〕る変化。
- 〔②　　　　　　〕…熱による分解。
- 炭酸水素ナトリウムの熱分解

  炭酸水素ナトリウム
  →炭酸ナトリウム
  ＋二酸化炭素
  ＋〔③　　　　　〕

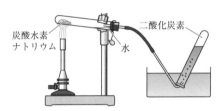

- 酸化銀の熱分解

  酸化銀→銀＋酸素

  ・黒色の酸化銀を加熱すると〔④　　　　〕色になった。

  ・火のついた線香を入れると，線香が炎をあげて燃えた。

  　→〔⑤　　　　〕が発生したことが分かる。

- 電気分解…〔⑥　　　　〕を流すことによる分解。

- 水の電気分解

  水→水素＋〔⑦　　　　　〕

  発生する水素と酸素の体積の比は

  〔⑧　　　　〕：1

  ・陽極（電源の＋極側の電極）

  　火のついた線香を入れると，線香が炎を上げて燃えた。

  　　→〔⑨　　　　〕が発生したことが分かる。

  ・陰極（電源の－極側の電極）

  　マッチの火を近づけると音を立てて気体自身が燃えた。

  　　→〔⑩　　　　〕が発生したことが分かる。

- 塩化銅水溶液の電気分解

  塩化銅→〔⑪　　　　〕＋塩素

  陽極から塩素が発生し，陰極に銅が付着する。

物質の成りたち

参考

炭酸水素ナトリウムを熱分解するときは，発生した水が加熱部分に流れて試験管が割れないように，試験管の口を少し下げる。また，水が逆流するのを防ぐために，加熱をやめる前にガラス管を水そうから抜く。

資料

炭酸水素ナトリウムの熱分解の実験では，二酸化炭素は石灰水が白くにごることで確認する。水は青色の塩化コバルト紙が赤色（桃色）になることで確認する。

くわしく

純粋な水は電気を通しにくいので，水酸化ナトリウムを少量とかした水を電気分解する。

参考

水素と酸素の混合気体に火をつけると爆発が起こるので，水の電気分解をするときは，実験前にガラス管の中に空気が入らないようにする。

資料 塩化銅水溶液の電気分解

---

❷ 原子・分子

- 〔⑫　　　　　〕…物質をつくっている小さな粒子。
- 原子の性質
  - ・化学変化によってそれ以上〔⑬　　　　　〕ことができない。
  - ・原子の種類によって，〔⑭　　　　　〕や大きさが決まっている。
  - ・〔⑮　　　　　〕によって，なくなったり，新しくできたり，別の種類の原子に変わったりしない。
- 〔⑯　　　　　〕…物質を構成する原子の種類のこと。
- 元素記号

元素	元素記号	元素	元素記号	元素	元素記号
水素	H	ナトリウム	Na	銅	Cu
炭素	C	マグネシウム	Mg	亜鉛	Zn
窒素	N	アルミニウム	Al	銀	Ag
酸素	O	カルシウム	Ca	バリウム	Ba
硫黄	S	鉄	Fe	金	Au
非金属		金属			

- 〔⑰　　　　　〕…原子を原子番号の順に並べると，周期的に性質の似たものが現れる。この規則性をもとにつくった表。
- 〔⑱　　　　　〕…いくつかの原子が結びついた粒子。物質の性質を示す最小の粒子。
- 〔⑲　　　　　〕…1種類の原子からできている物質。
- 〔⑳　　　　　〕…2種類以上の原子が結びついてできている物質。
- 化学式…物質を〔㉑　　　　　　　　〕を使って表したもの。

  化学式の例

  水素　H_2　酸素〔㉒　　　　　〕　水　H_2O

  二酸化炭素　CO_2　塩化ナトリウム〔㉓　　　　　〕

❸ 化学反応式

- 化学反応式…化学変化を，〔㉔　　　　　〕を組み合わせて表したもの。
- 化学反応式の表し方
  - ① 反応前の物質を「→」の〔㉕　　　　　〕に，反応後の物質を〔㉖　　　　　〕に書く。
  - ② それぞれの物質を〔㉗　　　　　〕で表す。
  - ③ 化学変化の前後（矢印の左側と右側）で，原子の種類と〔㉘　　　　　〕を等しくする。

原子・分子

| 資料 | 分子のモデル |

水素分子

酸素分子

水分子

二酸化炭素分子

参考

物質は純粋な物質（純物質）と混合物に分けられ，純粋な物質は単体と化合物に分かれる。

わしく

化学式中の元素記号の右にある小さな数字は原子の数を表している。例えば，H_2O は，水素原子2個と酸素原子1個からなる。

化学反応式

参考

水の電気分解を化学反応式で表すと，
① 物質の名前を矢印の両側に書く。
　　水→水素＋酸素
② それぞれの物質を化学式で表す。
　　$H_2O → H_2 + O_2$
③ 矢印の両側で，原子の種類と数を等しくする。
　　$2H_2O → 2H_2 + O_2$

原子・分子

得点 ／100点

基礎力確認テスト

解答 ➡ 別冊解答6ページ

1 右の図のような装置を用いて，炭酸水素ナトリウムを加熱したところ，①気体が発生し，石灰水が白くにごった。さらに，十分に加熱すると，試験管Aには②固体が残り，その口付近には③液体ができた。その後，加熱をやめ，できた液体に塩化コバルト紙をつけると赤色に変わった。次の問いに答えなさい。[6点×4] 〈福岡・改〉

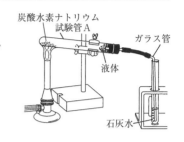

炭酸水素ナトリウム
試験管A
ガラス管
液体
石灰水

(1) この実験で，熱する試験管の口を底よりわずかに下げている。その理由を簡単に書きなさい。

（ 　　　　　　　　　　　　　　　　　　　　 ）

(2) 下線部①の気体は何か。名称を答えなさい。 （ 　　　　　 ）

(3) 下線部②の固体の色を，次の**ア～エ**から１つ選び，記号で答えなさい。

ア 白　**イ** 赤　**ウ** 黒　**エ** 黄 （ 　　　　　 ）

(4) 下線部③の液体は何か。名称を答えなさい。 （ 　　　　　 ）

2 右の図のような装置で，酸化銀を加熱した。酸化銀の色が変わり始めてから，Ⓐ炎を上げずに燃えている線香を試験管の中に入れて，線香の燃え方を観察した。その後，十分に加熱して酸化銀全体の色が変わったので，加熱をやめた。冷えてから，Ⓑアルミニウムはくの皿の中に残っている物質をとり出した。次の問いに答えなさい。[6点×4] 〈熊本・改〉

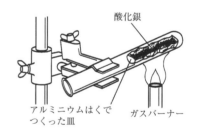

酸化銀
アルミニウムはくでつくった皿
ガスバーナー

(1) 下線部Ⓐで，線香の燃え方はどのようになったか。簡単に書きなさい。

（ 　　　　　　　　　　　　　　　　　　　　 ）

(2) 下線部Ⓑの物質は何か。化学式で答えなさい。 （ 　　　　　 ）

(3) 次の文の①，②の（　　）の中から，それぞれ正しいものを１つ選び，記号で答えなさい。 ①（ 　　 ） ②（ 　　 ）

　　下線部Ⓑの物質の性質は，電気を①（**ア** 通し　**イ** 通さず），みがくと光り，②（**ア** たたいてものびない　**イ** たたくとのびる）。

3 水に電気を通したときに出てくる物質を確かめるために，うすい水酸化ナトリウム水溶液を用いて，実験1，2を行った。(1)～(4)の問いに答えなさい。[7点×4]　　　　　　　〈岐阜〉

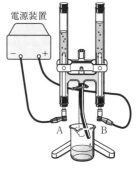

〔実験1〕　図のように，H形ガラス管の中に，5.0％のうすい水酸化ナトリウム水溶液を入れ，電極A，Bに電源装置をつないで電気を通したところ，電極Aから気体X，電極Bから気体Yがそれぞれ発生した。

〔実験2〕　気体が集まったら電源を切り，ゴム管を閉じて，気体の性質を調べた。気体Xに火のついたマッチを近づけると，音を立てて気体Xが燃えた。次に，気体Yに火のついた線香を入れると，線香が激しく燃えた。

(1) 実験2の結果から，気体Xは何と分かるか。ことばで書きなさい。　　（　　　　　　　）

(2) 気体Yと同じ気体を発生させる方法を，次のア～エから1つ選び，符号で書きなさい。

　　　　　　　　　　　　　　　　　　　　　　　（　　　　　　　　）

　　　ア　石灰石にうすい塩酸を加える。

　　　イ　亜鉛にうすい塩酸を加える。

　　　ウ　塩化アンモニウムと水酸化カルシウムを混ぜ合わせて加熱する。

　　　エ　二酸化マンガンにうすい過酸化水素水（オキシドール）を加える。

(3) 実験1で，電極Bから発生する気体Yの体積は，電極Aから発生する気体Xの体積の何倍か。次のア～オから1つ選び，符号で書きなさい。　　　　　（　　　　　　　）

　　　ア　約 $\frac{1}{3}$ 倍　　イ　約 $\frac{1}{2}$ 倍　　ウ　約1倍　　エ　約2倍　　オ　約3倍

(4) 水に電気を通すと分解して気体Xと気体Yになる化学変化を，化学反応式で書きなさい。

　　　　　　　　　　　　　　　　　　　（　　　　　　　　　　　　　　）

4 右の図のような装置を使って，塩化銅水溶液を電気分解し，<u>それぞれの電極で起こる変化</u>を観察した。次の問いに答えなさい。

[6点×4]　　　　　　　　　　　　　　　　〈熊本・改〉

(1) 下線部Ⓐについて，気体が生じた電極は，陽極か，陰極か。

　　　　　　　　　　　　　　　　　　（　　　　　　　　）

(2) (1)で生じた気体は何か。化学式で答えなさい。

　　　　　　　　　　　　　　　　　　　　　　　（　　　　　　　　）

(3) 次の①，②の物質は，混合物か，純粋な物質か。それぞれ書きなさい。

　　　① 塩化銅　　　　　　　　　　　　　　　（　　　　　　　　）

　　　② 塩化銅水溶液　　　　　　　　　　　　（　　　　　　　　）

6 化学変化

学習日　　　月　　　日

基礎問題

解答 ➡ 別冊解答7ページ

1 物質が結びつく化学変化

● 鉄と硫黄が結びつく化学変化

鉄＋硫黄→〔①　　　　　〕

脱脂綿でゆるく
栓をする。

このあたりを
加熱する。

鉄と硫黄の混合物

〔①　　　　　〕は磁石に引きつけ
られない。

鉄にうすい塩酸を加えると，

〔②　　　　　〕が発生するが，

〔①　　　　　〕にうすい塩酸を加
えると，〔③　　　　　　〕が発生する。

2 酸化

● 酸化…物質が〔④　　　　　〕と結びつくこと。結びついてでき
た物質を酸化物という。

● 〔⑤　　　　　〕…物質が熱や光を出しながら激しく酸化するこ
と。

● スチールウールの酸化

スチールウールを加熱すると，
燃焼が起きる。スチールウール
は金属光沢があり，かたくて丈
夫だが，酸化した物質は，

〔⑥　　　　　〕色でさわるとく
ずれて〔⑦　　　　　〕い。

スチールウール

3 還元

● 還元…酸化物から〔⑧　　　　　〕がうばわれる化学反応。

物質が結びつく化学変化

参考

鉄と硫黄を化学変化させる
ときは，色が変わり始めた
ら加熱をやめる。発生した
熱によってそのまま反応が
続く。

資料

硫化水素は，腐った卵のよ
うなにおいのする有毒な気
体であり，直接においをか
いではいけない。においを
かぐときは，手であおいで
においをかぐ。

酸化

知っトク

燃焼とは異なる，おだやか
な酸化もある。金属が空気
中でさびるのはおだやかな
酸化である。

参考

鉄が酸化してできた物質は，
電気を通さない，うすい塩
酸を加えても変化しないと
いう特徴もある。

資料

銅を空気中で加熱すると，
酸化して黒色の酸化銅にな
る。

参考

有機物が酸化すると，水と
二酸化炭素が発生する。

● 酸化銅の還元

酸化銅の粉末と炭素の粉末の混合物を加熱する。

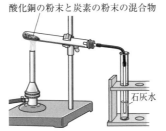
酸化銅の粉末と炭素の粉末の混合物
石灰水

酸化銅＋炭素→ 銅 ＋二酸化炭素
2CuO　 C　 2Cu　　CO₂

酸化銅は〔⑨　　　　　〕されて，銅になり，炭素は〔⑩　　　　　〕されて，二酸化炭素になる。還元と酸化は同時に起きる。

❹ 化学変化と物質の質量

● 〔⑪　　　　　　　〕の法則…化学変化の前後で物質全体の質量は変わらない。

● 右図のように密閉した容器の中で実験を行う。このとき，反応前（左の図）と反応後（右の図）の質量は〔⑫　　　　　〕である。

5%塩酸
炭酸水素ナトリウム
混合

● 結びつく物質の質量の割合は常に〔⑬　　　　　　〕である。

● 銅やマグネシウムの酸化

銅やマグネシウムを空気中で加熱すると，結びついた〔⑭　　　　　〕の分だけ質量が増える。

一定の質量の金属と結びつく酸素の〔⑮　　　　　〕には限度があり，加熱をくり返すとやがて〔⑮　　　　　〕が変化しなくなる。

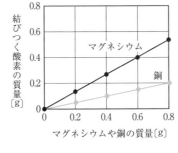
結びつく酸素の質量〔g〕
マグネシウム
銅
マグネシウムや銅の質量〔g〕

→銅：酸素＝〔⑯　　　　〕：1

マグネシウム：酸素＝3：〔⑰　　　　〕

❺ 発熱反応・吸熱反応

● 〔⑱　　　　　〕…熱が発生する化学変化。このとき出された熱によって，まわりの温度が上がる。

● 〔⑲　　　　　〕…熱を吸収する化学反応。このときにまわりから熱をうばうので，まわりの温度が下がる。

1日目 2日目 3日目 4日目 5日目 6日目 7日目 8日目 9日目 10日目

還元

参考

左図の実験では，発生した二酸化炭素によって石灰水が白くにごる。

化学変化と物質の質量

わしく

原子は化学反応て種類が変わったり，何もないところから現れたり，消えたりしないので，化学反応が起きても原子の数と種類は変わらない。したがって，反応前後で反応にかかわる物質全体の質量は変わらない。

わしく

（酸化銅の質量）＝（銅の質量）＋（酸素の質量）

参考

銅についての左のグラフで，0.8gの銅と結びつく酸素の質量は0.2gであることがわかる。銅と酸素の質量の比は，0.8：0.2 マグネシウムについても同様にグラフから読みとる。

発熱反応・吸熱反応

参考

発熱反応はカイロなどに利用されている。

化学変化

得点

／100点

基礎力確認テスト

解答 ➡ 別冊解答7ページ

1 右の図のように，鉄粉と硫黄の混合物の入った試験管を加熱した。
次の問いに答えなさい。[5点×3]　　　　　　　　　　　　　〈長崎・改〉

鉄粉と硫黄の混合物

(1) 次の**ア**～**エ**のうち，図の実験について，誤っているものはどれか。
1つ選び，記号で答えなさい。　　　　　　　　　（　　　）

ア 反応が始まったら，加熱をやめても反応は引き続き起こる。

イ 鉄と硫黄が結びついたものを細かく砕くと，磁石を用いて鉄と硫黄に分けられる。

ウ 鉄粉と硫黄の混合物は，光と熱を発しながら激しく反応する。

エ 加熱によって硫黄の蒸気が発生するので，換気に十分に注意する。

(2) 図の実験で起きた反応を化学反応式で表しなさい。　　　　（　　　　　　　　　　）

(3) 図の実験で，a（加熱する前の混合物）とb（加熱後に生じた黒い物質）に，それぞれうすい塩酸を加えた。このとき，においのする気体が生じるのは，a，bどちらの物質か。記号で答えなさい。
　　　　　　　　　　　　　　　　　　　　　　　　　　　（　　　）

2 次の実験について，問いに答えなさい。[6点×7]　　　　　　　　　　　　〈北海道〉

燃焼や加熱による物質の変化について調べるため，次の実験を行った。

実験1　図1のように，かわいた集気びんの中で，砂糖を燃焼させた。火が消えた後，燃焼さじを取り出して，集気びんの中のようすを観察したところ，集気びんの内側に

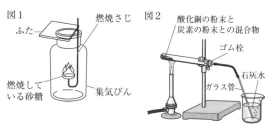
図1　ふた　燃焼さじ　燃焼している砂糖　集気びん
図2　酸化銅の粉末と炭素の粉末との混合物　ゴム栓　石灰水　ガラス管

液体がついていた。この液体に青色の塩化コバルト紙をつけたところ，①塩化コバルト紙が赤色(桃色)に変化した。次に，集気びんに石灰水を入れ，ふたをしてよく振ったところ，②石灰水が白くにごった。

実験2　図2のように黒色の酸化銅と炭素の粉末の混合物を加熱したところ，気体が発生して石灰水が白くにごり，③酸化銅は赤かっ色(赤色)の銅に変化した。

(1) 実験1について，次の文の　(i)　，(ii)　に当てはまる物質名を，それぞれ書きなさい。また，(iii)｜　　｜に当てはまるものを，**ア**，**イ**から選びなさい。

下線部①から　(i)　が発生したことが確かめられ，下線部②から　(ii)　が発生したことが確かめられた。このことから，砂糖は(iii)｜**ア** 有機物　**イ** 無機物｜であることがわかる。

　　　　　　　　　　　（i）(　　　　　)　（ii）(　　　　　　　　)　（iii）(　　　　)

(2) 下線部③の化学変化を，次のように表すとき，（ⅰ）〜（ⅲ）に当てはまる化学式を，それぞれ書きなさい。また，この化学変化で酸化された物質は何か，物質名を書きなさい。

2CuO ＋ (ⅰ) → 2 (ⅱ) ＋ (ⅲ)

(ⅰ)（　　　　　） (ⅱ)（　　　　　） (ⅲ)（　　　　　） 物質名（　　　　　）

3 右の図のように，プラスチック容器に石灰石 1.0g とうすい塩酸 10cm³ を別々に入れ，ふたをして密閉し，電子てんびんで容器全体の質量をはかった。次に，容器をかたむけて，石灰石とうすい塩酸を反応させ，気体を発生させた。気体の発生が終わり，再び①容器全体の質量をはかったが，質量に変化はなかった。その後，ふたをゆっくり開け，しばらくして，再び②容器にふたをして，容器全体の質量をはかった。次の問いに答えなさい。[5点×3]

プラスチック容器
うすい塩酸
石灰石
電子てんびん

〈福岡・改〉

(1) 下線部①の結果から確認される法則名を書きなさい。　（　　　　　　　　　）

(2) 下線部②のときの質量は，下線部①のときの質量と比べて，どのように変化したか。また，その理由を簡単に書きなさい。

質量（　　　　　　　　　） 理由（　　　　　　　　　）

4 質量の異なるマグネシウムを，それぞれ空気中で加熱し，完全に酸素と反応させた。右の表は，そのときできた酸化マグネシウムの質量を測定した結果である。次の問いに答えなさい。[7点×4]

〈新潟・改〉

マグネシウムの質量〔g〕	0.3	0.6	0.9	1.2
酸化マグネシウムの質量〔g〕	0.5	1.0	1.5	2.0

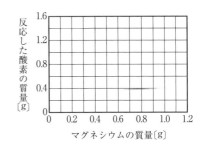

(1) 表をもとにして，マグネシウムの質量と，マグネシウムと反応した酸素の質量の関係を表すグラフを右の図にかきなさい。

(2) 酸化マグネシウムにふくまれるマグネシウムの質量と酸素の質量を，最も簡単な整数の比で表しなさい。

（マグネシウムの質量：酸素の質量 ＝　　　　　　　　）

(3) マグネシウムと酸素の反応を表す化学反応式を書きなさい。

（　　　　　　　　　　　　　　　）

(4) マグネシウムの原子 50 個に対して，酸素の分子 20 個がすべて反応したとき，反応しなかったマグネシウムの原子は何個か。　（　　　　　　　　）

1日目
2日目
3日目
4日目
5日目
6日目
7日目
8日目
9日目
10日目

7日目 生物の特徴と分類

基礎問題

解答 ➡ 別冊解答8ページ

1 花のつくりとはたらき

● 〔①　　　　　〕…胚珠が子房の中にある植物。

● 花のつくり…中心から，めしべ→〔②　　　　　〕→花弁→がくの順についている。

● 〔③　　　　　〕…おしべの先の袋状の部分。この中で花粉がつくられている。

● 〔④　　　　　〕…めしべの柱頭に花粉がつくこと。

● 受粉して成長すると，胚珠は〔⑤　　　　　〕に，子房は〔⑥　　　　　〕になる。

● 〔⑦　　　　　〕…子房がなく，胚珠がむき出しになっている植物。この植物の胚珠はりん片に直接ついている。

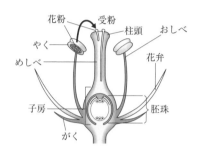

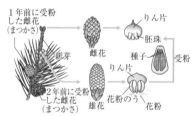

2 種子植物の分類

● 〔⑧　　　　　　　　〕…子葉が2枚の被子植物。

		葉脈のようす	茎の維管束	根のようす
双子葉類	(子葉2枚)	網状脈	輪の形にならぶ	主根と側根

● 〔⑨　　　　　　　　〕…子葉が1枚の被子植物。

		葉脈のようす	茎の維管束	根のようす
単子葉類	(子葉1枚)	平行脈	散らばっている	ひげ根

花のつくりとはたらき

参考 観察の道具

・ルーペの使い方

1 できるだけ目に近づけて持つ。

2 観察するものを前後に動かしてよく見える位置を探す。

動かせないものを見るときはルーペを目に近づけて持って顔を前後に動かす。

・顕微鏡の使い方

1 接眼レンズをのぞきながら反射鏡としぼりで明るさを調節する。

2 横からのぞきながらプレパラートと対物レンズをできるだけ近づける。

3 接眼レンズをのぞきながらプレパラートと対物レンズを遠ざけてピントを合わせる。

顕微鏡の倍率
＝接眼レンズの倍率
　×対物レンズの倍率

種子植物の分類

資料

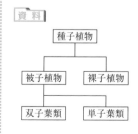

❸ 種子をつくらない植物の分類

● 〔⑩　　　　　　　　〕…種子をつくらず，胞子でなかまをふやす植物。根・茎・葉の区別がある。

● 〔⑪　　　　　　　　〕…種子をつくらず，胞子でなかまをふやす植物。根・茎・葉の区別がない。

❹ セキツイ動物の分類

● セキツイ動物…〔⑫　　　　　　〕をもつ動物。さまざまな特徴によって，魚類，両生類，ハチュウ類，鳥類，ホニュウ類の5つに分類される。

● 〔⑬　　　　　〕…卵をうんでなかまをふやす。

● 〔⑭　　　　　〕…母体内である程度まで子を育ててからうむ。

特徴 分類	呼吸のしかた	体表	子のうまれ方	
魚類	えら	うろこ	卵生	殻のない卵を水中にうむ
両生類	子：えらと皮膚 親：肺と皮膚	しめった皮膚		
ハチュウ類	肺	うろこやこうら		殻のある卵を陸上にうむ
鳥類		羽毛		
ホニュウ類		毛	胎生	

❺ 無セキツイ動物の分類

● 無セキツイ動物…〔⑮　　　　　〕をもたない動物。

● 〔⑯　　　　　　〕…昆虫類や甲殻類など。

特徴

・からだが〔⑰　　　　　〕とよばれるかたい殻でおおわれている。

・からだやあしに節がある。

● 〔⑱　　　　　　〕…貝類やイカなど。

特徴

・内臓が〔⑲　　　　　〕とよばれる筋肉でできた膜でおおわれている。

・水中で生活するものはえらで呼吸する。

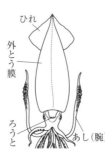

▲ イカのからだのつくり

1日目
2日目
3日目
4日目
5日目
6日目
7日目
8日目
9日目
10日目

種子をつくらない植物の分類

参考

コケ植物は仮根とよばれる部分で土や岩にからだを固定している。

▼ スギゴケ

胞子のう
雌株　雄株
仮根

セキツイ動物の分類

わしく

魚類，両生類，ハチュウ類は，まわりの温度変化にともなって体温も変化する。このような動物を変温動物という。

これに対して，鳥類，ホニュウ類はまわりの温度にかかわらず，体温をほぼ一定に保つことができる。このような動物を恒温動物という。

無セキツイ動物の分類

参考

昆虫類のからだは，頭部，胸部，腹部の3つの部分からなり，胸部に3対のあしがある。

触角
頭部 胸部 腹部

わしく

節足動物，軟体動物以外にも，ウニやヒトデ，クラゲやミミズなど，さまざまな種類の無セキツイ動物がいる。

生物の特徴と分類

得点

／100点

基礎力確認テスト

解答 ➡ 別冊解答8ページ

1 右の図1のように，アブラナの花をA～Dの各部分に
分けて観察した。図2は，アブラナのめしべの縦断面
のスケッチである。図3は，マツの雌花（めばな）のりん片（べん）のス
ケッチである。次の問いに答えなさい。[10点×3]

〈徳島・改〉

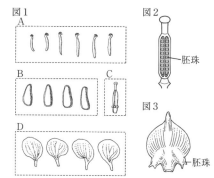

図1
図2 ──胚珠
図3 ──胚珠

(1) 次の**ア～エ**のうち，アブラナを手に持って観察す
るときのルーペの正しい使い方はどれか。1つ選
び，記号で答えなさい。　　　　（　　　　　）

　ア ルーペを目とアブラナの中間で持ち，アブラナを前後に動かす。

　イ ルーペを目に近づけて持ち，アブラナを前後に動かす。

　ウ ルーペをアブラナに近づけて持ち，目の位置を前後に動かす。

　エ ルーペを目から離して持ち，ルーペとアブラナを前後に動かす。

(2) 図1のアブラナの各部分について，A～Dを花の外側から順に並べなさい。

　　　　　　　　　　　（　　　　　→　　　　　→　　　　　→　　　　　）

(3) 図2のアブラナの胚珠と図3のマツの胚珠（はいしゅ）のようすには，どのようなちがいがあるか。
「子房（しぼう）」という語句を用いて，簡単に書きなさい。

　　　　　　　　　（　　　　　　　　　　　　　　　　　　　　　　　　　　　）

2 植物の分類に関する次の文を読み，あとの問いに答えなさい。ただし，文中と図1のXには，
同じ語があてはまる。[7点×6]

〈和歌山県〉

　5種類の植物（ゼニゴケ，イヌワラビ，マツ，ツユクサ，アブラナ）を，それぞれの特徴
をもとに分類した（図1）。

　植物は，種子（しゅし）をつくらない植物と種
子をつくる植物に分類することができ
る。

　種子をつくらない植物は，葉，茎，
根のようすからコケ植物と　X　植
物に分類することができる。コケ植物
にあたるのがゼニゴケであり，　X
植物にあたるのがイヌワラビである。

図1　植物の分類

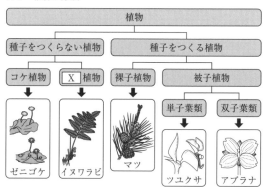

植物

種子をつくらない植物　　種子をつくる植物

コケ植物　　X 植物　　裸子植物　　被子植物

単子葉類　　双子葉類

ゼニゴケ　イヌワラビ　マツ　ツユクサ　アブラナ

種子をつくる植物は，①胚珠の状態から②裸子植物と被子植物に分類することができる。裸子植物にあたるのが③マツである。

被子植物は，芽生えのようすから，④単子葉類と双子葉類に分類することができる。単子葉類にあたるのがツユクサであり，双子葉類にあたるのがアブラナである。

(1) 文中および図1の ［ X ］ にあてはまる適切な語を書きなさい。　　　（　　　　　　　）

(2) 下線部①について，次の文の ［ Y ］ にあてはまる適切な内容を書きなさい。

　　裸子植物は，被子植物と異なり，胚珠が ［ Y ］ という特徴がある。

（　　　　　　　　　　　　　　　　　　　　　　　　　　　　）

(3) 下線部②について，裸子植物を次のア〜エからすべて選んで，その記号を書きなさい。

（　　　　　　　　　）

ア アサガオ　　**イ** イチョウ　　**ウ** イネ　　**エ** スギ

(4) 下線部③について，図2は，マツの雌花のりん片を模式的に表したものである。受粉後，種子となる部分をすべて黒く塗りなさい。

図2
マツの
雌花の
りん片

(5) 下線部④について，図3は，単子葉類のつくりを模式的に表そうとしたものである。葉脈と根のようすはどのようになっているか，それぞれの特徴がわかるように，右の図の▭に実線（──）でかき入れなさい。

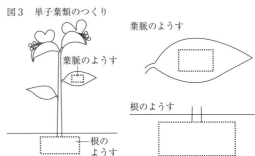

図3　単子葉類のつくり

葉脈のようす

根のようす

根の
ようす

---

3 ブリ，カエル，トカゲ，スズメ，イヌの特徴について，いろいろな見方で調べたことを表にまとめた。あとの問いに答えなさい。

[7点×4]　　　　　　　　　　　〈富山〉

	ブリ	カエル		トカゲ	スズメ	イヌ
体表	うろこ	しめった皮膚		うろこ	羽毛	毛
呼吸器官	えら	幼生	成体	肺	肺	肺
		えら	（ X ）			
子のうまれ方	卵生	卵生		卵生	卵生	胎生

(1) 調べた動物にはすべて背骨がある。背骨がある動物を何というか。　　（　　　　　　　）

(2) 次の文は，カエルの呼吸のしかたについてまとめたものである。空欄(X)，(Y)に適切なことばを書きなさい。なお，空欄(X)と表中の空欄(X)には同じことばが入る。

X（　　　　　　　）　　Y（　　　　　　　）

　　カエルの成体は呼吸器官である(X)だけでなく，(Y)でも呼吸している。

(3) 他の身近な動物としてコウモリについて調べた。その結果として正しいものはどれか，次のア〜カからすべて選び，記号で答えなさい。　　（　　　　　　　）

　　ア 体表はしめった皮膚でおおわれている。　　**イ** 体表はうろこでおおわれている。

　　ウ 体表は羽毛でおおわれている。　　　　　　**エ** 体表は毛でおおわれている。

　　オ 子のうまれ方は卵生である。　　　　　　　**カ** 子のうまれ方は胎生である。

大地の変化

学習日　　月　　日

基礎問題

解答 ➡ 別冊解答9ページ

1 火山

● マグマのねばりけと火山のようす

マグマのねばりけ	強い ←――――――→ 弱い		
溶岩の色	白っぽい ←――――――→ 黒っぽい		
火山の形	おわんをふせたような形	円すい形	傾斜がゆるやかな形
噴火のようす	激しく爆発的な噴火 ←――――――→ 比較的おだやかな噴火		

● 〔①　　　　　〕…マグマが冷えて固まった岩石。

● 〔②　　　　　〕…マグマが地下深いところでゆっくり冷え固まった岩石。比較的大きな粒でできたつくり（〔③　　　　　〕組織）をしている。

● 〔④　　　　　〕…マグマが地表や地表付近で急に冷え固まった岩石。細かい結晶やガラス質でできた石基の中に大きな結晶である斑晶がちらばったつくり（〔⑤　　　　　〕組織）をしている。

● 鉱物…火成岩は次のような鉱物からできている。

〔⑥　　　　　〕鉱物：セキエイ，チョウ石

〔⑦　　　　　〕鉱物：クロウンモ，カクセン石，キ石，カンラン石

● 火成岩の分類

深成岩	〔⑨　　　〕	閃緑岩	はんれい岩
〔⑧　　　〕	流紋岩	安山岩	玄武岩

白っぽい ←――――――→ 黒っぽい

2 地震

● 〔⑩　　　　　〕…地震が発生したときにはじめに起こる小さなゆれ。P波によって引き起こされる。

▼ 地震のゆれ

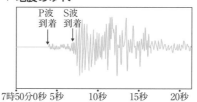

7時50分0秒 5秒　　10秒　　15秒　　20秒

火山

資料

ねばりけの強い火山は，有珠山や雲仙普賢岳（平成新山）などがある。ねばりけが中くらいの火山は，桜島，富士山などがある。ねばりけの弱い火山はマウナロアやキラウエアなどがある。

資料 等粒状組織と斑状組織

等粒状組織

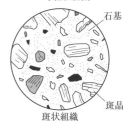

斑状組織

参考

無色鉱物の割合が多い火成岩は白っぽくなり，有色鉱物の割合が多い火成岩は黒っぽくなる。

- 主要動…〔⑪　　　　　〕の後に続いて起こる〔⑫　　　　　〕ゆれ。S波によって引き起こされる。
- 〔⑬　　　　　　　　　　〕…ある観測地点での，P波が到着してからS波が到着するまでの時間の差。この時間は震源からの距離が遠くなるほど長くなる。
- 〔⑭　　　　　〕…地震による各地点でのゆれの大きさ。
- 〔⑮　　　　　〕…地震そのものの規模。

❸ 大地の変化

- 地層…土砂や火山灰が堆積して，層状に重なったもの。粒の〔⑯　　　　　〕ものから順に堆積する。また，ふつう下の層は上の層よりも古い。
- 〔⑰　　　　　　〕…地層が堆積した当時の環境を知る手がかりとなる化石。
- 〔⑱　　　　　　〕…地層が堆積した年代を知る手がかりとなる化石。
- 堆積岩…地層をつくる堆積物がおし固められて岩石になったもの。土砂がもとになってできた堆積岩のうち，粒の大きい順に，〔⑲　　　　　〕，砂岩，〔⑳　　　　　〕とよばれる。
- 〔㉑　　　　　〕…生物の死がいからできた堆積岩。うすい塩酸をかけると二酸化炭素が発生する。
- 〔㉒　　　　　〕…生物の死がいからできた堆積岩。うすい塩酸をかけても気体が発生しない。
- 〔㉓　　　　　〕…火山灰などが降り積もって固まった堆積岩。
- 〔㉔　　　　　〕…地層を圧縮する大きな力がはたらいてできた地層の波うつような曲がり。
- 〔㉕　　　　　〕…地層に大きな力がはたらいて生じたずれ。

❹ 大地の変化による恵みと災害

- 大地の変化による恵み…美しい景観，温泉，〔㉖　　　　　〕発電など。
- 火山災害…溶岩流，火山灰，〔㉗　　　　　〕（火山灰などが高温のガスとともに流れる現象）など。
- 地震災害…建物の倒壊，土砂くずれ，液状化，〔㉘　　　　　〕（震源が海底の場合に発生する大きな波）など。

地震

資料

地震が発生した地下の場所を震源，震源の真上の地表の地点を震央という。

▼ 震源と震央

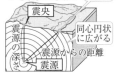

大地の変化

参考

風化…地表付近の岩石の表面が気温や風雨のはたらきによってぼろぼろになる現象。

資料 代表的な示準化石
古生代：サンヨウチュウ，フズリナ
中生代：アンモナイト
新生代：ビカリア

資料

れき岩は粒の直径が2mm以上，砂岩は$\frac{1}{16}$～2mm，泥岩は$\frac{1}{16}$mm以下である。

参考

▼ しゅう曲

▼ 正断層

大地の変化による恵みと災害

参考

火山や地震の災害から身を守るために，ハザードマップの作成や自然の監視などの防災対策が強化されている。

大地の変化

基礎力確認テスト

解答 ➡ 別冊解答9ページ

1 ある日，地震が発生し，震源から139km離れたA市と震源から45km離れたB市でゆれを感じた。右の図は，A市およびB市での地震計の記録を模式的に示したものである。次の問いに答えなさい。ただし，地震のゆれが伝わった速さは地点によらず，一定であったものとする。

[8点×3]　　　　　　　　　　　　〈三重〉

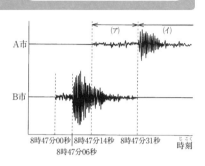

(1) 図のA市での地震計の記録には，(ア)のような小さなゆれと(イ)のような大きなゆれが示された。(イ)で示された大きなゆれを何というか。　　　　　　　　　　（　　　　　　）

(2) B市の初期微動継続時間は何秒か。図から読みとって書きなさい。　　（　　　　　　）

(3) A市およびB市の地震計の記録から考えると，小さなゆれが伝わる速さは何km/sか。ただし，答えは小数第2位を四捨五入し，小数第1位まで求めなさい。

（　　　　　　）

2 3種類の火成岩A，B，Cを採集し，観察を行った。あとの問いに答えなさい。[9点×3]

〈福井〉

〔観察〕　3種類の火成岩の表面を歯ブラシでこすって洗い，きれいにした。次に，それぞれの火成岩の表面をルーペで観察した。図は，そのスケッチで，観察の結果は表にまとめた。

火成岩A
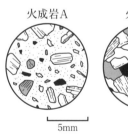
5mm

火成岩B

5mm

火成岩C

5mm

火成岩A	形がわからないほど小さな粒の間に比較的大きな鉱物が散らばっている。色は全体的に白っぽい。
火成岩B	ひとつひとつの鉱物が大きく，ほぼ同じ大きさのものが多い。色は全体的に白っぽい。
火成岩C	火成岩Aと同じようなつくりをしていた。色は全体的に黒っぽい。

(1) 火成岩A，火成岩Cのようなつくりをもつ火成岩のなかまを何というか。その名称を書きなさい。　　　　　　　　　　　　　　　　　　　　　　（　　　　　　　　）

(2) 火成岩Bは，そのつくりから地下深くでゆっくり冷えてできたと考えられるが，地表で採集することができた。それはなぜか。その理由を簡潔に書きなさい。

（　　　　　　　　　　　　　　　　　　　　　）

(3) 次の岩石のうち，火山の噴出物に関係の深いものはどれか。最も適当なものを次の**ア**〜**エ**から選んで，その記号を書きなさい。 （　　　　　）

　　ア 凝灰岩　　**イ** チャート　　**ウ** 砂岩　　**エ** 石灰岩

3 S君は，地層の重なり方やつくりを調べるため，図1のようながけを観察した。

観察1　がけ全体が見わたせるところからがけの地層を観察すると，各層はすべて水平に重なっており，断層はなかった。

観察2　がけ沿いの道路を歩いてがけのようすを調べると，がけの地層は，泥岩，砂岩，石灰岩，凝灰岩の層でできていた。次に，図1のA〜Dの各地点で，道路から6mの高さまでの地層のようすを調べた。図2はその結果をまとめた柱状図である。また，観察中に，石灰岩の層からサンゴの化石が見つかった。[8点×5]〈北海道・改〉

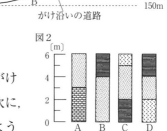

(1) 観察2で，S君はルーペで何を見て泥岩と砂岩とを区別したか。　　（　　　　　）

(2) このがけに見られる砂岩の層について，次の①，②に答えなさい。

　　① 砂岩の層は全部でいくつあるか。　　　　　　　　　　　　　（　　　　　）

　　② 最も厚い砂岩の層の厚さは約何mか。　　　　　　　　　　　（　　　　　）

(3) このがけの地層の観察から，S君は，「このがけの地層の中で最も古い層は石灰岩の層であり，この層が堆積したとき，この地域は浅くあたたかい海だった。」と推定した。S君は，どのような考え方をもとにして推定したか。次の**ア**〜**オ**から2つ選び，記号で答えなさい。　　　　　　　　　（　　　　　）（　　　　　）

　　ア がけの地層の厚さから，層が堆積するのにかかった時間の長さがわかること。

　　イ がけの地層をつくる粒の大きさから，層が堆積したときの水の流れのようすがわかること。

　　ウ がけの地層の上下関係から，層が堆積した順番がわかること。

　　エ がけの地層の中のサンゴの化石から，層が堆積した年代がわかること。

　　オ がけの地層の中のサンゴの化石から，層が堆積した当時の環境がわかること。

4 右の図は，ある地域で調べた地層の重なり方を柱状図で表したものである。図の泥岩層と砂岩層には，アンモナイトの化石が多くふくまれていたことから，これら2つの地層は，中生代に堆積したものであることがわかる。アンモナイトの化石のように，地層ができた年代を知る手がかりとなる化石は，何とよばれるか。[9点]〈静岡・改〉　　（　　　　　）

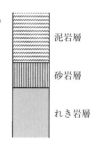

9日目 生物のからだのつくりとはたらき

基礎問題

解答 ➡ 別冊解答10ページ

1 細胞のつくり

● 動物と植物の細胞に共通なつくり…〔①　　　　　〕，細胞膜。

植物の細胞に特徴的なつくり…液胞，細胞壁，〔②　　　　　〕。

2 根・茎・葉のつくりとはたらき

● 道管…〔③　　　　　〕や水にとけた養分の通り道。

● 師管…葉でつくられた〔④　　　　　〕の通り道。

● 〔⑤　　　　　〕…道管と師管が集まってできた部分。

● 〔⑥　　　　　〕…細胞の中にある緑色の粒。光を受けて光合成
を行う。

● 〔⑦　　　　　〕…三日月形をした2つの孔辺細胞で囲まれた小
さなすき間。一般に葉の裏側に多い。酸素や二酸化炭素の出入
り口。水蒸気の出口でもある。

● 〔⑧　　　　　〕…植物体内から水が水蒸気として気孔から出る
現象。

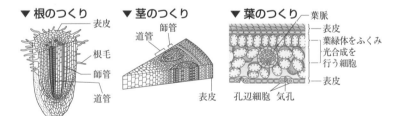

▼ 根のつくり　　▼ 茎のつくり　　▼ 葉のつくり

3 光合成・植物の呼吸

● 光合成…植物が光を受けて，二
酸化炭素と〔⑨　　　　　〕から
デンプンなどの栄養分をつくる
はたらき。同時に酸素もできる。

● 〔⑩　　　　　〕…酸素を吸収して二酸化炭素を出すはたらき。

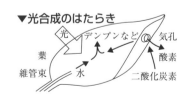

▼光合成のはたらき

細胞のつくり

知っトク
細胞の核を観察するときは，酢酸カーミン，酢酸オルセインなどの染色液で核を染めて観察する。

根・茎・葉のつくりとはたらき

資料 葉脈のようす

▼ 平行脈　▼ 網状脈

参考

▼ 気孔

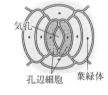

気孔　孔辺細胞　葉緑体

光合成・植物の呼吸

注意!
葉緑体のない，ふ入りの葉のふの部分では光合成は行われない。

参考
光合成でデンプンができたかを調べるときはヨウ素液を用いる。デンプンにヨウ素液を加えると青紫色を示す。

④ 消化と吸収

- 〔⑪　　　　　〕…口→食道→胃→小腸→大腸→肛門とつながった1本の長い管。
- 〔⑫　　　　　〕…食物の消化にかかわる液。だ液や胃液など。
- 消化酵素…〔⑬　　　　　〕にふくまれる，特定の養分を分解するはたらきをもつもの。だ液には〔⑭　　　　　〕，胃液には〔⑮　　　　　〕がふくまれている。
- 分解…デンプンは〔⑯　　　　　〕，〔⑰　　　　　〕はアミノ酸，脂肪は脂肪酸とモノグリセリドにまで分解される。
- 〔⑱　　　　　〕…小腸の壁のひだにある無数の突起物。消化された養分はここで吸収される。

⑤ 呼吸・血液の循環・排出

- 肺循環…肺で血液中に〔⑲　　　　　〕をとり込んで〔⑳　　　　　〕を出す循環。

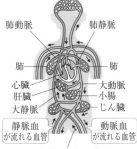

肺動脈　肺静脈
肺　　　肺
心臓　　大動脈
肝臓　　小腸
大静脈　じん臓

静脈血が流れる血管　動脈血が流れる血管

血液の流れる向き

- 体循環…全身の細胞に〔㉑　　　　　〕と養分をわたし，二酸化炭素や不要な物質を受けとって，心臓に戻る循環。
- 動脈血…〔㉒　　　　　〕を多くふくむ血液。
- 静脈血…酸素が少なく，〔㉓　　　　　〕を多くふくむ血液。
- 排出…細胞の呼吸などでできた不要な物質を体外に出すはたらき。〔㉔　　　　　〕で，有害なアンモニアを害の少ない〔㉕　　　　　〕に変え，じん臓でこしとって排出する。

⑥ 感覚器官と反応

- 〔㉖　　　　　〕…外界からの刺激を受けとる器官。
- 〔㉗　　　　　〕…脳やせきずいのこと。

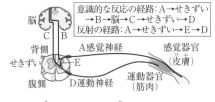

意識的な反応の経路：A→せきずい→B→脳→C→せきずい→D
反射の経路：A→せきずい→E→D

脳
C　B
背側
せきずい　E
腹側
A感覚神経
感覚器官（皮膚）
D運動神経
運動器官（筋肉）

- 感覚神経…感覚器官からの信号を〔㉘　　　　　〕に伝える神経。
- 〔㉙　　　　　〕…中枢神経の信号を筋肉に伝える神経。
- 意識して起こる反応…信号が，感覚器官→感覚神経→せきずい→〔㉚　　　　　〕→せきずい→運動神経→筋肉と伝わる。
- 〔㉛　　　　　〕…刺激を受けたとき，意識とは無関係に起こる反応。

生物のからだのつくり とはたらき

得点

／100点

基礎力確認テスト

解答 ➡ 別冊解答10ページ

1 次のⅠ，Ⅱの問いに答えなさい。[5点×6] 〈長崎〉

Ⅰ．光合成に関する実験を行った。

図1

A. 緑色の部分
B. ふの部分
C. 緑色の部分
D. ふの部分
アルミニウムはく

【実験】 日なたで育てていた鉢植えのアサガオを暗室に置いた。2日後，アサガオの葉の一部の両面を，図1のようにアルミニウムはくでおおい，暗室から日なたに戻してアサガオ全体に十分に日光を当てた。その後，葉を茎から取り，アルミニウムはくをはずしてから，熱湯に浸した。さらに，あたためたエタノールの中に葉を入れた後，取り出し，ヨウ素液につけて，色の変化を観察した。

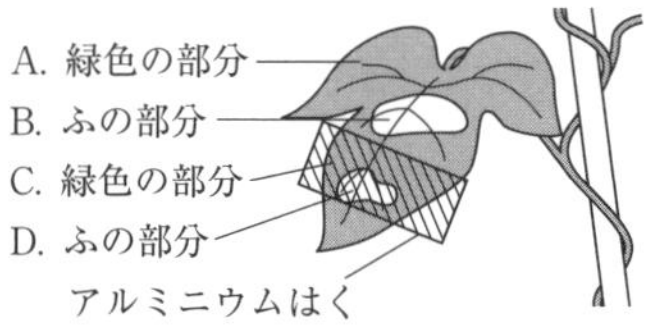

(1) 実験で下線部の操作を行うのはなぜか，その理由を書きなさい。

（ ）

(2) 実験の結果，葉のA～Dの部分で青紫色になったのはAのみであった。次の文は，実験結果から考察をまとめたものである。文中の(①)，(②)に適するものを，ア～エからそれぞれ選びなさい。 ①( ) ②( )

> 葉の(①)の部分の実験結果を比較することで，光合成が緑色の部分で行われることがわかった。また，葉の(②)の部分の実験結果を比較することで，光合成に光が必要であることがわかった。

ア AとB **イ** AとC **ウ** BとC **エ** BとD

Ⅱ．図2はある被子植物の体のつくりを示した図である。

(3) 図3は，図2のaの位置で切った茎の断面を示している。図3において，葉でつくられた栄養分の通る管がある部分を黒く塗りつぶしたものとして最も適当なものは，次のどれか。 （ ）

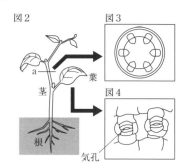

図2
図3
図4
a
茎
葉
根
気孔

ア **イ**  **ウ**  **エ**

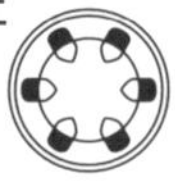

(4) 図4は，葉の裏側の表皮を薄くはぎ，切りとって，顕微鏡で観察したときのスケッチである。その中には，気孔がいくつも観察できた。気孔のはたらきによって起こることを説明した次の文の(③)，(④)に適語を入れ，文を完成させなさい。

③( ) ④( )

> 気孔では酸素や二酸化炭素の出入り以外に，水蒸気が放出される(③)という現象がみられる。また，(③)が活発に行われることによって，(④)がさかんに起こり，植物にとって必要なものが根から茎，葉へと運ばれていく。

2 右の図は，ヒトの体内にある血管と器官のつながりを模式的に表したものである。次の問いに答えなさい。[7点×7] 〈福井・改〉

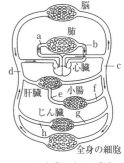
——→は血液が流れる向き

(1) 肺の毛細血管は，気管が枝分かれした先にある多数の小さな袋をとり囲んでいる。この小さな袋は何とよばれるか。

（　　　　　）

(2) 図のa～hのうち，養分が最も多くふくまれた血液が流れる血管はどれか。1つ選び，記号で答えなさい。また，選んだ理由を簡単に書きなさい。

記号（　　　　　）

理由（　　　　　　　　　　　　　　　　　　　　　）

(3) 毛細血管にとり込まれた養分は血液中のある成分にとけてからだの各部に運ばれる。この血液中の成分は何か。（　　　　　）

(4) 血液中の赤血球には，酸素と結びつく物質がふくまれている。①この物質を何というか。②図のa～hのうち，この物質が酸素と結びついている割合が最も高い血液が流れる血管はどれか。1つ選び，記号で答えなさい。

①（　　　　　）　②（　　　　　）

(5) 尿素などの不要な物質を血液からこし出して尿にする器官はどれか。図中の器官から1つ選び，名称を書きなさい。（　　　　　）

3 右の図のように，先生と20人の生徒が手をつないだ。先生は右手でストップウォッチを押すと同時に左手でAさんの右手をにぎり，右手をにぎられたAさんは，すぐに左手でBさんの右手をにぎるというように，次々と手をにぎっていった。最後のTさんは，Sさんから右手をにぎられたらすぐに左手で先生から受け取っていたストップウォッチをとめた。これを10回行って1回あたりの平均時間を求めた。次の問いに答えなさい。[7点×3] 〈秋田・改〉

(1) 下線部のAさんの反応について，刺激によって生じた信号が伝わった経路を次のように表した。神経Xと神経Yの名称をそれぞれ書きなさい。

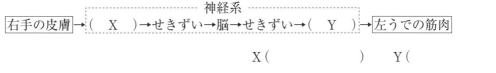

神経系

右手の皮膚 →（　X　）→ せきずい → 脳 → せきずい →（　Y　）→ 左うでの筋肉

X（　　　　　）　Y（　　　　　）

(2) 熱いものにうっかりさわってしまい，思わず手を引っこめた。このような，刺激を受けて無意識に起こる反応を何というか。（　　　　　）

天気

基礎問題

解答 ➡ 別冊解答11ページ

1 大気の中ではたらく力

● 〔①　　　　　　〕…一定面積当たりの面を垂直に押す力のはたら
き。単位は〔②　　　　　　〕(記号 Pa)やニュートン毎平方メー
トル(記号 N/m²)など。

$$圧力〔Pa〕= \frac{力の大きさ〔N〕}{力がはたらく〔③　　　　　〕〔m²〕}$$

● 〔④　　　　　　〕…大気による圧力。上空にいくほど〔⑤　　　　　〕
くなる。単位はヘクトパスカル(記号〔⑥　　　　　〕)。

2 気象観測

● 〔⑦　　　　　　〕…乾湿計の乾球の示度と湿球の示度の差をもと
に湿度表から読みとる。単位は%。

● 天気図記号…天気, 〔⑧　　　　　〕, 風力を表す記号。

▼ 天気を表す記号

天気	快晴	晴れ	くもり	雨	雪	霧
記号	○	①	◎	●	⊗	◉

● 雨や雲が降っておらず, 雲量が0～1のときは快晴, 2～
〔⑨　　　　　〕のときは晴れ, 9～10のときはくもりである。

● 〔⑩　　　　　〕…気圧が等しい地点を結んだ曲線。

3 前線と天気の変化

● 〔⑪　　　　　　〕…寒気が暖気の下にもぐりこんで暖気を
押し上げるようにして進むときにできる前線。通過すると気温
が下がり, 風向が北よりに変わる。また, 積乱雲の発達により,
せまい範囲に激しい雨を短時間に降らせる。

● 〔⑫　　　　　　〕…暖気が寒気の上をはい上がり, 寒気を
押しながら進むときにできる前線。乱層雲が発達し, 広い範囲
におだやかな雨が長時間にわたって降る。

● 〔⑬　　　　　　〕…寒気と暖気の勢力がほぼ同じで, ほと
んど動かない前線。

大気の中ではたらく力

参考

1Pa = 1N/m²
1hPa=100Pa=100N/m²

わしく

大気圧は, あらゆる向きか
ら物体の表面に垂直にはた
らいている。

気象観測

わしく

乾球の示度〔℃〕	乾湿球の示度の差〔℃〕				
	0.0	0.5	1.0	1.5	2.0
15	100	94	89	84	78
14	100	94	89	83	78
13	100	94	88	82	77
12	100	94	88	82	76
11	100	94	87	81	75
10	100	93	87	80	74
9	100	93	86	80	73

乾球の示度 10℃, 乾湿球の
示度の差 2℃のときの湿度

資料　天気図記号の例

北東の風・風力4・天気晴れ

風向　　　風力
　　　　　天気

風向は矢ばねの向きで表し,
風力は矢ばねの数で表す。

前線と天気の変化

資料

温暖前線 ●●●
寒冷前線 ▼▼▼
停滞前線 ●▼●▼
閉そく前線 ▲●▲●

---

4 大気の動き

- 〔⑭　　　　　　　〕…中緯度帯の上空を西から東に向かってふく風。
- 〔⑮　　　　　　　〕…海に近い地域で，晴れた日の昼間，海上から陸上へ向かってふく風。
- 〔⑯　　　　　　　〕…海に近い地域で，晴れた日の夜間，陸上から海上へ向かってふく風。

5 日本の天気

- 日本付近の気団…冷たく乾燥している〔⑰　　　　　　　〕気団，冷たく湿っている〔⑱　　　　　　　　　〕気団，あたたかく湿っている〔⑲　　　　　〕気団がある。
- 冬の天気…〔⑳　　　　　　　〕の気圧配置になり，シベリア気団から〔㉑　　　　　　〕の季節風がふく。
- 春と秋の天気…ユーラシア大陸の南東部に〔㉒　　　　　　〕と移動性高気圧が交互に発生し，偏西風により西から東へ移動する。
- 〔㉓　　　　　　〕の天気…初夏にオホーツク海気団と小笠原気団がぶつかってできる停滞前線により，雨やくもりの日が続く。
- 夏の天気…〔㉔　　　　　　〕の気圧配置になりやすく，南東の季節風がふいて蒸し暑くなる。
- 〔㉕　　　　　　〕…熱帯低気圧のうち，中心付近の最大風速が17.2m/s 以上のもの。
- 気象災害…夏の晴天による水不足や熱中症，前線の発達による急な豪雨，〔㉖　　　　　　〕にともなう強風や高潮，大雨による洪水，土砂くずれ，冬の大雪によるなだれなど。

6 大気中の水の変化

- 〔㉗　　　　　　〕…空気 1m³ 中にふくむことができる水蒸気の最大量。
- 湿度…空気 1m³ 中にふくまれる水蒸気量が，その温度での〔㉘　　　　　　〕に対してどのくらいの割合になるかを示したもの。

$$湿度〔\%〕＝\frac{空気 1m^3 中にふくまれる水蒸気量〔g/m^3〕}{その温度での〔㉙　　　　　〕〔g/m^3〕}×100$$

- 〔㉚　　　　　　〕…水蒸気が凝結し始める温度。
- 雲のでき方…上昇気流によって空気のかたまりが上昇すると，膨張して温度が下がる。温度が〔㉛　　　　　〕以下に下がると，水蒸気が凝結して雲ができる。

1日目
2日目
3日目
4日目
5日目
6日目
7日目
8日目
9日目
10日目

大気の動き

くわしく

海風は，海上より陸上が高温になり，陸上の方が気圧が低いため起こる。陸風は，陸上より海上が高温になり，海上の方が気圧が低いため起こる。風は高気圧から低気圧に向かってふく。

日本の天気

資料

北西の季節風

南東の季節風

大気中の水の変化

参考

以下のように空気のかたまりは上昇する。

▼ 上昇気流による雲

太陽の光であたためられた空気

地表の一部があたためられる

寒気と暖気がぶつかる

空気が山の斜面に沿って上昇

低気圧の中心付近

天気

基礎力確認テスト

解答 ➡ 別冊解答11ページ

1 次の実験について，あとの問いに答えなさい。[16点×2]　　　　　　　　〈福島・改〉

実験(i)　アルミ缶の上ぶたを切りとって作ったカップに，くみおきの
　　　水を３分の１程度入れた。

(ii)　右図のように，(i)のカップの中に，0℃に冷やした水を少し入れ
　　　てよくかき混ぜ，カップ内の水温をはかりながら，１分間，カップ
　　　の表面のようすを観察した。

温度計　　水

アルミ缶で作ったカップ

(iii)　(ii)の操作をくり返していくと，水温15℃でカップの表面が白くくもり始めた。このと
　　　きの室内の気温は20℃であった。

実験で，カップ内の水温とカップに接している空気の温度は，等しいものとする。

(1)　カップの表面が白くくもり始めたときの，カップに接している空気の温度を何というか。

（　　　　　　　　　）

(2)　このときの室内の湿度は何％か。右の表を用いて，小
　　　数第１位を四捨五入して，整数で求めなさい。

（　　　　　　　　）

気温〔℃〕	飽和水蒸気量〔g/m³〕
15	12.9
20	17.3

2 右の図は，ある季節の特徴的な天気図である。図のような気圧
配置を特徴とする季節における日本の天気を説明した文として，
最も適当なものを，下の①群(ア)〜(ウ)から１つ選べ。また，図の
ような気圧配置を特徴とする季節において，日本の天気が最も
影響を受ける気団の名前と，その気団の性質の組み合わせとし
て最も適当なものを，あとの②群(カ)〜(サ)から１つ選べ。[16点×2]

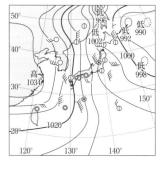

〈京都〉

①群（　　　　　　）　　②群（　　　　　　）

①群 (ア)　太平洋から南東の季節風が吹き，蒸し暑い日が続く。

　　(イ)　日本海側では雪の日が多く，太平洋側では乾燥した晴れの日が多い。

　　(ウ)　東西にわたって帯状に雲が停滞し，雨の日が多い。

②群

	気団の名前	気団の性質
㋕	オホーツク海気団	温暖・乾燥
㋖	オホーツク海気団	寒冷・乾燥
㋗	オホーツク海気団	寒冷・湿潤
㋘	シベリア気団	温暖・乾燥
㋙	シベリア気団	寒冷・乾燥
㋚	シベリア気団	寒冷・湿潤

3 次の図は，大分県のある場所での3日間の気温と湿度の変化を表したものである。また，右の表は，図を作成するために行った観測記録である。あとの問いに答えなさい。[12点×3] 〈大分・改〉

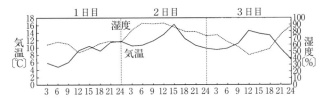

(1) 3日間の天気は，1日目は晴れのち雨，2日目は雨，3日目は晴れであった。上の図から，晴れた日の気温と湿度の間にはどのような関係があるといえるか。簡単に書きなさい。

（　　　　　　　　　　　　　）

(2) 2日目の15時から18時の間に前線が通過したと考えられる。この前線の名称を書きなさい。

（　　　　　　　）

(3) 下のア～ウは，3日間のそれぞれ9時における天気図である。ア～ウを，1日目から順に並べなさい。

（　　　　→　　　　→　　　　）

1日目

時刻〔時〕	気温〔℃〕	湿度〔％〕	気圧〔hPa〕	風向
3	5.9	60	1025.6	北北西
6	4.8	64	1025.4	北
9	6.0	61	1025.6	北
12	9.3	48	1023.8	東北東
15	10.4	54	1021.1	北北東
18	9.1	62	1019.3	南西
21	11.4	65	1019.6	南南東
24	11.7	64	1017.1	南南東

2日目

時刻〔時〕	気温〔℃〕	湿度〔％〕	気圧〔hPa〕	風向
3	10.5	81	1014.2	南
6	10.7	92	1010.1	南南東
9	11.7	91	1007.0	南東
12	13.5	92	1001.8	南
15	16.2	86	997.2	南東
18	12.4	79	1000.7	北北西
21	10.6	79	1004.9	北西
24	9.7	73	1009.3	北北西

3日目

時刻〔時〕	気温〔℃〕	湿度〔％〕	気圧〔hPa〕	風向
3	9.4	74	1011.0	北北西
6	9.7	64	1013.5	西南西
9	11.1	56	1014.0	北北東
12	14.5	44	1012.7	北
15	13.7	48	1011.6	東北東
18	13.3	53	1009.7	南南西
21	9.6	74	1009.4	南南西
24	6.6	87	1009.0	南

ア
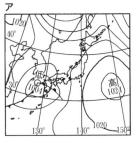

イ
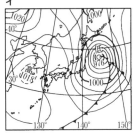

ウ

1 図のように，質量80gの物体EをばねYと糸でつないで電子てん
びんにのせ，ばねYを真上にゆっくり引き上げながら，電子てん
びんの示す値とばねYののびとの関係を調べた。表は，その結果
をまとめたものである。次の問いに答えなさい。ただし，糸とばね
Yの質量，糸ののび縮みは考えないものとし，質量100gの物体に
はたらく重力の大きさを1.0Nとする。[4点×3]　　　　　〈愛媛〉

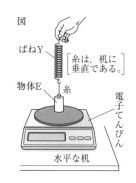

図

ばねY
[糸は，机に垂直である。]
物体E
糸
電子てんびん
水平な机

表

電子てんびんの示す値〔g〕	80	60	40	20	0
電子てんびんが物体Eから受ける力の大きさ〔N〕	0.80	0.60	0.40	0.20	0
ばねYののび〔cm〕	0	4.0	8.0	12.0	16.0

(1) 表をもとに，手がばねYを引く力の大きさとばねYの
のびとの関係を表すグラフを右にかきなさい。

(2) 実験で，ばねYののびが6.0cmのとき，電子てんびん
の示す値は何gか。　　　　　　　　（　　　　　　　）

(3) 図の物体Eを，質量120gの物体Fにかえて，この実験と同じ方法で実験を行った。電
子てんびんの示す値が75gのとき，ばねYののびは何cmか。　　　（　　　　　　　）

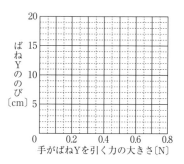

20

ばねYののび〔cm〕

15

10

5

0　　0.2　　0.4　　0.6　　0.8
手がばねYを引く力の大きさ〔N〕

2 右の図のように，うすい塩酸を入れた試験管Aに亜鉛粒
を少量入れ，発生した気体を試験管Bに集めた。このこ
とに関して，次の問いに答えなさい。[4点×4]　〈新潟・改〉

(1) 図のようにして気体を集める方法を何というか，そ
の用語を書きなさい。また，この方法は，この気体
のどのような性質を利用したものか，書きなさい。

方法（　　　　　　　　　）　性質（　　　　　　　　　　　　　　）

(2) 発生した気体の性質として，最も適当なものを，次のア～ウから1つ選び，その符号を
書きなさい。　　　　　　　　　　　　　　　　　　　　　　　　　（　　　　　）

ア　鼻をさすような特有のにおいがする。

イ　物質を燃やすはたらきがある。

ウ　空気と混合すると爆発しやすくなる。

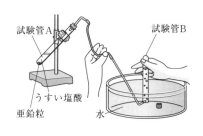

試験管A
試験管B
うすい塩酸
亜鉛粒
水

(3) うすい塩酸を加えると，この実験と同じ気体が発生する物質を，次の**ア～エ**から1つ選び，その符号を書きなさい。　　　　　　　　　　　　　　　　（　　　　　　）

ア 貝がら　　**イ** スチールウール　　**ウ** ポリエチレン　　**エ** 二酸化マンガン

3 右の図のようにして，鉄と硫黄の混合物を加熱し，加熱した部分の色が赤く変わり始めたところで加熱をやめたが反応は続いた。その後，試験管の温度が下がってから試験管のようすを観察すると，黒い物質ができていた。次の問いに答えなさい。[4点×3]

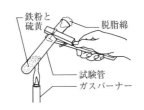

〈静岡・改〉

(1) 下線部の黒い物質は，鉄の原子と硫黄の原子が1：1の割合で結びついてできている。鉄の原子と硫黄の原子が1：1の割合で結びついたときの化学変化を，化学反応式で表しなさい。　　　　　　　　　　　　　　　（　　　　　　　　　　　　　　　　）

(2) 鉄と硫黄が完全に反応するときの質量の比は，7：4であることが知られている。鉄9.8gと硫黄5.2gを，いずれか一方の物質が完全に反応するまで反応させた場合，もう一方の物質の一部は反応しないで残る。①反応しないで残る物質はどちらか。また，②残る物質の質量は何gか。ただし，鉄と硫黄の反応以外は，反応が起こらないものとする。

①（　　　　　　）　　②（　　　　　　）

4 右の図1のような回路に，細い矢印の向きで電流を流したところ，コイルは太い矢印の方向に動き，傾いて静止した。このときの電流計の指針は，図2のようにふれた。次に，図1のU字形磁石の位置と向きを図3，4のように変えて，回路に電流を流しコイルの動きを観察した。ただし，電源装置の電圧はつねに一定である。次の問いに答えなさい。[4点×2]

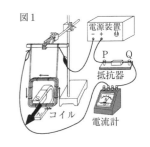

〈栃木・改〉

(1) 図1で，PQ間の電圧は何Vか。なお，抵抗器の抵抗は15Ωであり，電流計は500mAの端子を使った。

（　　　　　　）

(2) 図3，4で，コイルの動く向きは，それぞれのようになるか。表の**ア～エ**から正しい組み合わせを1つ選び，記号で答えなさい。ただし，動く方向は図1の太い矢印と同じ方向を「手前」，逆の方向を「向こう」とする。

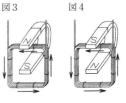

	図3のコイル	図4のコイル
ア	手前	向こう
イ	向こう	手前
ウ	手前	手前
エ	向こう	向こう

（　　　　　　）

5 二酸化炭素を除いた水を入れた試験管A，Bと，二酸化炭素を十分にとかした水を入れた試験管C，Dを用意し，暗室に1日置いた同じ長さのオオカナダモをそれぞれの試験管に入れた後，ゴム栓をした。図のように，試験管A，Cを，光が当たらないようにアルミニウムはくで包み，

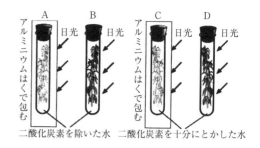

A～Dとも3時間日光が当たる場所に置いた。その後，試験管の中を調べたところ，試験管A～Cには気体が見られなかったが，①試験管Dには気体がたまっていた。

次に，試験管A～Dのオオカナダモの葉をそれぞれ切りとり，熱湯にひたした後，あたためたエタノールに入れて，葉の緑色を抜き，それぞれスライドガラスにのせた。そこに，②デンプン溶液に加えると青紫色に変化する溶液を1滴ずつ落とし，顕微鏡で観察したところ，試験管Dの葉の色だけが大きく変化していた。次の問いに答えなさい。[4点×4]〈新潟・改〉

(1) 下線部①について，試験管Dにたまっていた気体の名称を書きなさい。

（　　　　　　　）

(2) 下線部②について，この溶液の名称を書きなさい。　　（　　　　　　　）

(3) この実験の結果をまとめた次の文のX，Yにあてはまるものを，下のア〜オから1つずつ選び，記号で答えなさい。

　　試験管　X　の結果を比較することで，光合成には光が必要なことがわかった。試験管　Y　の結果を比較することで，光合成には二酸化炭素が必要なことがわかった。

　　ア AとB　　イ AとC　　ウ AとD　　エ BとD　　オ CとD

X（　　　　　　　）　Y（　　　　　　　）

6 顕微鏡を使って，メダカの尾びれの部分を観察したところ，右の図のように，血管の中を透明な液体とたくさんの赤い小さな粒が流れているのが見えた。透明な液体と赤い小さな粒について述べた次の文の①〜③にあてはまるものを，下のア〜エから1つずつ選び，記号で答えなさい。[4点×3]

〈埼玉・改〉

　　透明な液体は　①　で，　②　を運んでいる。また，赤い小さな粒は赤血球で，　③　を運んでいる。

　　ア 酸素　　イ 養分と不要な物質　　ウ 血しょう　　エ 組織液

①（　　　　）　②（　　　　）　③（　　　　）

7 右の図1は，図2のA～Dの地点で観測された地震計の記録をまとめたものである。震源からA～Dの各地点までの距離は，それぞれ53km，84km，29km，68kmである。また，CとDで地震のゆれが始まった時刻は，それぞれ午前3時34分8秒と午前3時34分14秒である。次の問いに答えなさい。[4点×3]

〈福井・改〉

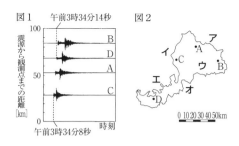

図1 午前3時34分14秒　図2

(1) 震源から観測点までの距離と，初期微動継続時間にはどのような関係があるか。図1をもとに簡単に書きなさい。

（　　　　　　　　　　　　　　　　　　　）

(2) 図1の地震が発生した時刻はどれか。次のア～オから1つ選び，記号で答えなさい。

（　　　　）

ア 午前3時33分54秒～55秒　　**イ** 午前3時33分57秒～58秒

ウ 午前3時34分0秒～1秒　　**エ** 午前3時34分3秒～4秒

オ 午前3時34分6秒～7秒

(3) 図1の地震は，どの地域の地下で起こったものか。図2のア～オから1つ選び，記号で答えなさい。

（　　　　）

8 右の図は，日本のある地点における，ある年の11月12日の0時から24時までの気象観測の結果をまとめたものである。この日，この地点では寒冷前線が通過している。次の問いに答えなさい。[3点×4]

〈香川・改〉

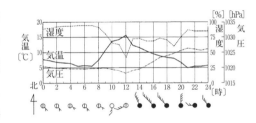

(1) 図の天気図記号から考えて，この地点での，11月12日の午前2時の天気と風向を書きなさい。

天気（　　　　）　風向（　　　　）

(2) この日，この地点を寒冷前線が通過した時刻は，何時から何時までの間であると考えられるか。図の気象観測から考えて，次のア～エから1つ選び，記号で答えなさい。

（　　　　）

ア 5時～7時　　**イ** 8時～10時　　**ウ** 11時～13時　　**エ** 18時～20時

(3) 寒冷前線付近でよく見られる雲と，寒冷前線が通過したときの天気の特徴は何か。次の表のア～エから正しい組み合わせを1つ選び，記号で答えなさい。　　（　　　　）

	よく見られる雲	天気の特徴
ア	巻層雲	おだやかな雨が降り続き，気温は下がる
イ	巻層雲	くもりの天気が続き，気温はあまり変化しない
ウ	積乱雲	おだやかな雨が降り続き，気温は上がる
エ	積乱雲	にわか雨が降りやすく，気温は下がる

第2回　総復習テスト

得点　／100点

時間……30分

解答➲別冊解答 14 ページ

1 右の図は，ヒトの消化に関わる器官を模式的に示したものである。これに関して，次の(1)～(3)の問いに答えなさい。[6点×4]　〈香川〉

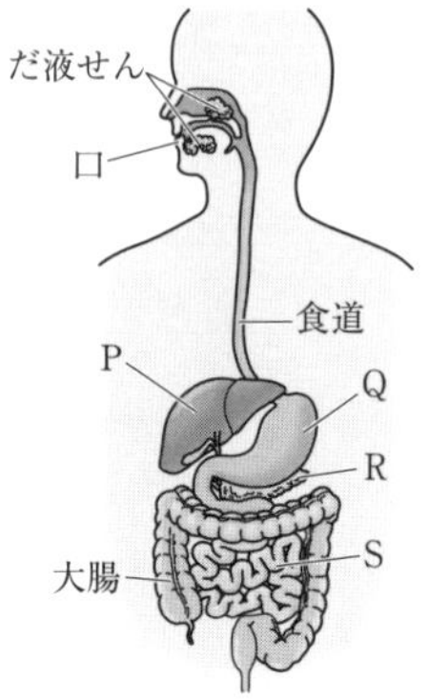

(1) 次の文は，消化されてできたブドウ糖について述べようとしたものである。文中の □ 内に共通してあてはまる器官は何か。その名称を書きなさい。また，その器官は，図中に示したP～Sのうちのどれか。最も適当なものを1つ選んで，その記号を書きなさい。

消化されてできたブドウ糖は，小腸の柔毛(じゅうもう)の毛細血管に入り，まず □ に運ばれて，そこで，たくわえられる。そのあと，必要に応じて □ から全身に送られる。全身に送られたブドウ糖は，細胞の呼吸によって，エネルギーのもとになる。

名称(　　　　)　記号(　　　　)

(2) 消化管(しょうかかん)で吸収された栄養分(養分)は，血液によって運ばれる。血液は，赤血球や白血球などの血球と液体からできている。この液体は何とよばれるか。その名称を書きなさい。

(　　　　)

(3) 血液によって全身の細胞へ運ばれた栄養分(養分)は，成長や活動に使われる。そのとき，二酸化炭素やアンモニアなどの不要な物質ができ，肺やじん臓を通って体外に排出される。次の**ア**～**エ**のうち，じん臓の説明として誤っているものを1つ選んで，その記号を書きなさい。　(　　　　)

ア じん臓は，不要な物質を血液中からこしとり，尿をつくる。

イ じん臓は，塩分や水分の量を調節して，血液を一定の濃さに保つ。

ウ じん臓は，輸尿管(ゆにょうかん)(尿管)でぼうこうとつながる。

エ じん臓は，有害なアンモニアを害の少ない尿素に変える。

2 マグネシウムの粉末をそれぞれ質量を変えてはかり，ステンレス皿にのせて加熱した。よく冷えてから質量をはかり，再び加熱した。これを繰り返し行い，結果を上の表にまとめた。次の問いに答えなさい。

マグネシウムの粉末の質量〔g〕	0.3	0.6	0.9	1.2
質量が変化しなくなるまで加熱してできた物質の質量〔g〕	0.5	1.0	1.5	2.0

[6点×2]　〈栃木・改〉

(1) 実験の結果の表から，マグネシウムの質量とマグネシウムと結びついた酸素の質量との関係を表すグラフを図1にかきなさい。

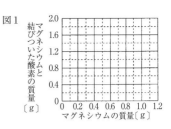

図1

(2) 図2は，銅を加熱したときの，銅の質量と銅と結びついた酸素の質量との関係を表すグラフである。同じ質量のマグネシウムと銅を酸素と反応させたとき，それぞれと結びついた酸素の質量の比を最も簡単な整数比で表しなさい。

（　　　　　　　）

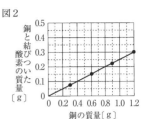

図2

3 図1のような回路をつくり，電熱線の両端に加わる電圧を変えながら，流れる電流の大きさを測定した。図2は，2種類の電熱線A，Bについて調べた結果である。あとの問いに答えなさい。[6点×2]　　　　　　　〈富山〉

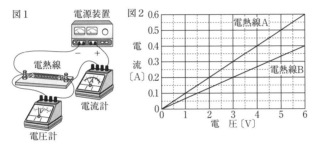

(1) 電熱線Bの抵抗の値は，電熱線Aの抵抗の値の何倍か，答えなさい。

（　　　　　　　）

(2) 図3のように，電熱線Aと電熱線Bを並列に接続し，電源装置をつないで電流を流したところ，点dを流れる電流は0.3Aであった。このとき，点cを流れる電流は何Aか，求めなさい。

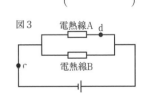

図3

（　　　　　　）

4 雲のでき方について，あとの問いに答えなさい。[6点×2]　　　　　〈山形・改〉

　雲のかたまりは，上昇すると膨張して温度が下がる。温度が　□□□　に達すると，水蒸気が凝結し始めて水滴になり，雲ができる。

(1) 下線部について，上昇すると空気のかたまりが膨張するのはなぜか。その理由を簡単に書きなさい。　　　　　（　　　　　　　　　　　　　　　）

(2) □□□ にあてはまる語句を書きなさい。　　　　　　　（　　　　　　）

5 蒸散のようすを調べるため，同じ大きさの試験管を 4 本用意し，1mm 方眼紙をはりつけ，水を入れた。次に，葉の大きさや数がほぼ等しいアジサイの枝 A ～ D を，それぞれの試験管にさし入れ，右の図に示された処理をした。

A 何も処理をしなかった

B すべての葉の表側にワセリンを塗った

C すべての葉の裏側にワセリンを塗った

D 葉全体をアルミニウムはくで包んだ

その後，試験管から水が蒸発することを防ぐために少量の油を注ぎ，日光のよく当たる風通しの良いところに置いた。9 時の液面の位置を 0 とし，そこから液面の位置がどのくらい低下したか，2 時間ごとに調べて，その結果を表にまとめた。次の問いに答えなさい。[4点×5]　　〈群馬・改〉

A ～ D の試験管の液面の低下〔mm〕

	9 時	11 時	13 時	15 時
A	0	25	66	91
B	0	15	42	59
C	0	8	25	35
D	0	10	23	31

(1) 次の文の①にあてはまる語句を書き，②，③の（　）内の**ア**，**イ**から，それぞれ正しいものを 1 つ選び，記号で答えなさい。

　　A では，水と二酸化炭素をとり込んで　①　が行われ，多くの気孔が②（**ア**．開いて　**イ**．閉じて）いる。D では，　①　がほとんど行われず，気孔は③（**ア**．開いた　**イ**．閉じた）状態のものが多くなる。

　　　　①（　　　　　）　②（　　　　　）　③（　　　　　）

(2) 葉の表側と裏側の蒸散量のちがいを比べるには，表の A ～ D のうちのどれとどれを比べればよいか。記号で答えなさい。　　　（　　　と　　　）

(3) 葉の表側と裏側で蒸散量がちがうのはなぜか。その理由を「気孔」という語句を用いて，簡単に書きなさい。

　　　　　　　　　　（　　　　　　　　　　　　　　　　　　　　　　　　　　　）

6 右の図 1 は，あるがけに見られる地層のようすである。次の問いに答えなさい。[5点×4]　　〈広島・改〉

(1) 次の**ア**～**エ**から，堆積岩を 2 つ選び，記号で答えなさい。　　（　　　　　）　（　　　　　）

ア 凝灰岩　　　**イ** 花こう岩
ウ 安山岩　　　**エ** 石灰岩

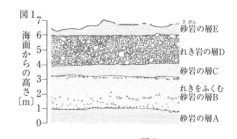
図1

(2) 示相化石とは，何を知るのに役立つ化石のことをいうか。簡単に書きなさい。

　　　　　　（　　　　　　　　　　　　　　　　　　　　　　　　）

(3) 図 2 は，れき岩の層 D の火成岩のれきの一部をルーペで観察し，スケッチしたものである。a の比較的大きな粒を何というか。　　（　　　　　　）

図2

中学1・2年の総復習 理科 三訂版

とりはずして使用できる！

別冊解答

実力チェック表

「基礎力確認テスト」「総復習テスト」の答え合わせをしたら，自分の得点をぬってみましょう。ニガテな単元がひとめでわかります。75点未満の単元は復習しましょう。復習後は，最終ページの「受験合格への道」で受験までにやることを確認しましょう。

1日目
身のまわりの現象

0　10　20　30　40　50　60　70　80　90　100(点)　復習日

月　　日

2日目
身のまわりの物質

0　10　20　30　40　50　60　70　80　90　100(点)　復習日

月　　日

3日目
電流

0　10　20　30　40　50　60　70　80　90　100(点)　復習日

月　　日

4日目
電流と磁界

0　10　20　30　40　50　60　70　80　90　100(点)　復習日

月　　日

5日目
原子・分子

0　10　20　30　40　50　60　70　80　90　100(点)　復習日

月　　日

6日目
化学変化

0　10　20　30　40　50　60　70　80　90　100(点)　復習日

月　　日

7日目
生物の特徴と分類

0　10　20　30　40　50　60　70　80　90　100(点)　復習日

月　　日

8日目
大地の変化

0　10　20　30　40　50　60　70　80　90　100(点)　復習日

月　　日

9日目
生物のからだの
つくりとはたらき

0　10　20　30　40　50　60　70　80　90　100(点)　復習日

月　　日

10日目
天気

0　10　20　30　40　50　60　70　80　90　100(点)　復習日

月　　日

総復習テスト①

0　10　20　30　40　50　60　70　80　90　100(点)　復習日

月　　日

総復習テスト②

0　10　20　30　40　50　60　70　80　90　100(点)　復習日

月　　日

①50点未満だった単元
→理解が十分でないところがあります。教科書やワーク，参考書などのまとめのページをもう一度読み直してみましょう。何につまずいているのかを確認し，克服しておくことが大切です。

②50〜74点だった単元
→基礎は身についているようです。理解していなかった言葉や間違えた問題については，「基礎問題」のまとめのコーナーや解答解説をよく読み，正しく理解しておくようにしましょう。

③75〜100点だった単元
→よく理解できています。さらに難しい問題や応用問題にも挑戦して，得意分野にしてしまいましょう。高校入試問題に挑戦してみるのもおすすめです。

1 身のまわりの現象

基礎問題 解答

→ 問題2ページ

1 ①反射 ②屈折 ③中心 ④焦点 ⑤小さな(小さい) ⑥焦点距離の2倍 ⑦大きな(大きい)

2 ⑧340 ⑨真空 ⑩振幅 ⑪振動数 ⑫強く ⑬短く ⑭細く ⑮強く

3 ⑯100 ⑰ばねばかり ⑱フック ⑲つり合っている ⑳一直線上 ㉑等しい ㉒反対(逆)

基礎力確認テスト 解答・解説

→ 問題4ページ

1 (1) 虚像 (2) エ (3) 右の図
(4) 12cm (5) (a)ウ (b)イ

2 (1) 振動する弦の長さ:長くした
振動の幅:大きくした
(2) (例)音を伝えるはたらき

3 440回

4 (1) 5.4cm (2) ウ

1 (3)

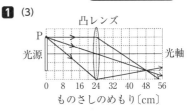

1 (1) 物体が**焦点の内側**にあると，光が集まらず，実像はできない。このとき，凸レンズを通して見える像を**虚像**という。
(2) ついたてにできる実像は，実物とは**上下左右**が逆になる。ついたてにできた**実像と光源(実物)は，同じ方向(光源から凸レンズを見る方向)から見た形**で考える。この問題では，実像は**エ**が上下左右逆になった形**ょ**になる。
(3) 問題の表の値をもとに，点Pの**実像**を示す点の位置を決める。凸レンズの位置は24cmで，実物と同じ大きさの実像が48cmのところにできる。点Pから出た3本の光は，凸レンズを通過した後,点Pの**実像**を示す点を通る。
(4) 測定③で，実物と同じ大きさの**実像**ができているので，このときの光源と凸レンズの距離(24cm)は，**焦点距離の2倍**と考えられる。したがって，焦点距離は，24÷2=12〔cm〕
(5) 測定②，④での光源と凸レンズの間の距離は，それぞれ16cm，32cmであり，測定②では光源が凸レンズの**焦点距離の2倍(24cm)**の位置より内側にあり，測定④では光源が凸レンズの**焦点距離の2倍**の位置より外側にある。**焦点距離の2倍**の位置よりも**外側**に光源があると，像は実物より**小さく**なる。また，光源を凸レンズに近づけるほど，像は大きくなる。よって，測定④の像は実物より小さく，**焦点距離の2倍**の位置で実物の大きさになり，測定②の像はさらに大きくなる。

2 (1) 振動する弦の長さ**短いほど高い音**が，**長いほど低い音**が出る(振動数が変化する)。

また，振動の幅(振幅)が**大きいほど大きな音**が，**小さいほど小さな音**が出る。
(2) 容器内の空気を抜くと，音を伝える物質が少なくなるので，音の大きさはしだいに小さくなる。真空中では音を伝える物質がないので，音は伝わらない。

3 おんさXが3回振動する間におんさYは4回振動しているので，おんさYの振動数は，おんさXの振動数の$\frac{4}{3}$倍である。よって，おんさYの振動数は，$330 \times \frac{4}{3} = 440$〔回〕である。

4 (1) 図のようにてんびんが水平につり合ったことから，物体Aの質量はおもりXと同じ270gとわかる。物体Aがばねを引く力の大きさは，物体Aにはたらく**重力**の大きさと等しいので，270÷100=2.7〔N〕 また，グラフより，**ばねを引く力の大きさとばねののびは比例**することがわかるので，2.7Nの力でばねを引くときのばねののびを$x$cmとすると，
3〔N〕:6〔cm〕=2.7〔N〕:x〔cm〕
$x=5.4$〔cm〕
(2) 月面上では，物体Aにはたらく重力の大きさが地球上の6分の1になる。よって，物体Aがばねを引く力の大きさとばねののびも地球上の6分の1になる。また，おもりXにはたらく重力の大きさも地球上の6分の1になるので，てんびんは水平につり合う。

2

基礎問題 解答

➡ 問題6ページ

1 ①金属光沢 ②電気 ③のびる ④1 ⑤有機物
2 ⑥上方置換 ⑦下方置換 ⑧水上置換 ⑨(うすい)塩酸 ⑩過酸化水素水(オキシドール)
　⑪水素 ⑫アンモニア
3 ⑬溶質 ⑭飽和水溶液 ⑮100 ⑯溶解度
4 ⑰とけている

基礎力確認テスト 解答・解説

➡ 問題8ページ

1 (1) イ　(2) X：砂糖　Z：食塩
2 (1) (例)突然沸とうするのを防ぐため。　(2) 気体から液体への状態変化　(3) C　(4) ウ
3 (1) ①塩化コバルト紙　②赤色(桃色)　(2) 石灰水が白くにごる。
4 (1) イ　(2) ア

1 (1) 試験管の上部を3本の指で軽く持ち，液が飛び出さないようにこきざみに振って溶質をとかす。**ア**のように2本の指で持つと落としやすい。**ウ**のように握りしめると，試験管が割れることがある。**エ**のように，試験管を指でふさぐと液体が手についてしまい，危険なことがある。
(2) 水にとかしたとき，**食塩**と**砂糖**はとけるが，**デンプン**はとけない。加熱したとき，**砂糖**と**デンプン**はこげて黒くなるが，**食塩**はこげない。したがって，Xは砂糖，Yはデンプン，Zは食塩である。

2 (1) 沸とう石を入れないで加熱すると，突然沸とうして，液体が飛び出ることがあり危険である。
(2) ガラス管を通して出てきた気体を氷水で冷やし，液体に**状態変化**させている。液体に状態変化させることで，気体で出てきた物質を集めやすくしている。
(3) エタノールの**沸点**は約78℃である。図2のグラフがほぼ水平になっている時間帯は3〜6分あたりで，このとき主にエタノールが沸とうしていたと考えられる。
(4) 液体を加熱し沸とうさせ，出てくる気体を冷やして再び液体にして集める方法を**蒸留**という。蒸留を利用すると，混合物を**分離**することができる。**ア**は化学変化，**イ**はろ過による物質の分離，**ウ**は蒸留，**エ**は再結晶である。

3 (1) 水の検出には**塩化コバルト紙**を使う。青色の塩化コバルト紙は，水にふれると**赤色(桃色)**に変化する。

(2) 二酸化炭素は**石灰水**を白くにごらせる。

4 (1) 80℃での溶解度と40℃での溶解度の差がとり出せる結晶の量(質量)である。物質**ア**は，およそ200−140＝60〔g〕の結晶がとり出せる。物質**イ**は，およそ170−70＝100〔g〕の結晶がとり出せ，物質**ウ**は，およそ80−20＝60〔g〕，物質**エ**はほとんど結晶がとり出せない。したがって，飽和水溶液を80℃から40℃まで冷却したとき，物質**イ**が最も多く結晶をとり出すことができる。

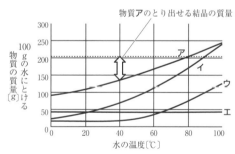

(2) Aの質量パーセント濃度は，**溶質の質量が25g，溶媒の質量が75g**より，

$$\frac{25}{25+75} \times 100 = \frac{25}{100} \times 100 = 25$$ より，25％である。

また，Bの質量パーセント濃度は，**溶質の質量が40g，溶媒の質量が160g**より，

$$\frac{40}{40+160} \times 100 = \frac{40}{200} \times 100 = 20$$ より，20％である。

したがって，Aの方が濃い。

基礎問題 解答

→ 問題10ページ

1 ①電流(電気) ②回路図 ③直列 ④並列 ⑤電流 ⑥同じ(等しい) ⑦電源(回路全体)
⑧電流 ⑨和 ⑩電源(回路全体)

2 ⑪オーム ⑫和 ⑬小さ

3 ⑭熱(音) ⑮ジュール ⑯1 ⑰時間

4 ⑱－ ⑲引き合う ⑳陰極線(電子線) ㉑－ ㉒放射線

基礎力確認テスト 解答・解説

→ 問題12ページ

1 (1) 静電気 (2) イ

2 (1) 右の図 (2) 右の図

3 (1) 2Ω (2) 右の図

4 (1) 20Ω (2) 2.0V
(3) 5.0Ω

2 (1)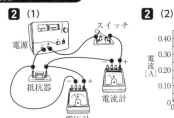

2 (2)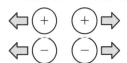

3 (2)

1 (1) ちがう種類の物質をたがいに摩擦すると，一方の物質は＋の電気を帯び，他方の物質は－の電気を帯びる。このようにして発生する電気のことを**静電気**という。

(2) 綿布で摩擦したストローAとストローBは**同じ**種類の電気を帯びている。**同じ種類の電気を帯びた物質どうしはしりぞけ合う**。よって，ストローAはストローBから遠ざかる。

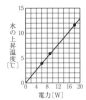

同じ種類の電気どうしはしりぞけ合う。

ちがう種類の電気どうしは引き合う。

2 (1) 問題の図1の通りに・を線で結べばよい。はかりたい部分に**電流計は直列に，電圧計は並列**につなぐ。＋と－をまちがわないように注意する。

(2) 電圧を横軸に，電流を縦軸にとる。表にある4つの点をとり，どの点にも近くなるように直線をかく。グラフは原点を通る直線(比例のグラフ)となる。

3 (1) 表より，電熱線Cに6Vの電圧で電流を流したときの電力は18Wである。電力は，**電流と電圧の積**なので，電熱線Cに流れる電流の大きさは，電流＝電力÷電圧で，$18 \div 6 = 3$〔A〕**オームの法則**より，抵抗＝電圧÷電流なので，

電熱線Cの電気抵抗は，$6 \div 3 = 2$〔Ω〕

(2) 表の値をグラフに点でかき，3つの点と原点を直線で結ぶ(比例のグラフになる)。熱量は電力に**比例**するので，電力が大きいほど，発生する熱量は大きい。発生する熱量が大きいと，上昇温度は大きくなる。

4 (1) 問題の図1より，2Vのとき，100mA(0.1A)の電流が流れるから，**オームの法則**より，抵抗＝電圧÷電流なので，$2 \div 0.1 = 20$〔Ω〕

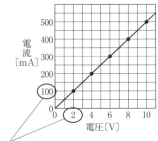

グラフから電流と電圧の値を読みとる。

(2) **直列回路**なので，各部分に加わる電圧の和が全体の電圧である。よって，電熱線Bに加わる電圧は，$10.0 - 8.0 = 2.0$〔V〕

(3) 電熱線Aに流れる電流の大きさは，**オームの法則**より，電流＝電圧÷抵抗なので，
$8.0 \div 20 = 0.4$〔A〕 電熱線Bにも同じ大きさの電流が流れるので，電熱線Bの抵抗の値は，
$2.0 \div 0.4 = 5.0$〔Ω〕

基礎問題 解答

→ 問題14ページ

1 ①極 ②磁力 ③磁界の向き ④同心円状 ⑤強 ⑥平行 ⑦巻数
2 ⑧磁界 ⑨電流 ⑩電流 ⑪強く ⑫モーター
3 ⑬磁界 ⑭電流 ⑮電磁誘導 ⑯巻数 ⑰速 ⑱磁力 ⑲変化 ⑳近づける ㉑極
㉒発電機
4 ㉓直流 ㉔交流

基礎力確認テスト 解答・解説

→ 問題16ページ

1 (1) B：ウ C：ア (2) イ
2 U字形磁石による磁界の向き：ア 金属棒を流れる電流による磁界の向き：ウ
3 (1) (例)コイルを流れる電流の向きを逆にする。 (2) ウ→ア→イ
4 (1) 誘導電流 (2) ア (3) イ，ウ

1 (1) A点にある**磁針の向き**から，コイルの左
側がS極であることがわかる。したがって，
コイルの右側はN極になる。**磁力線**はコイル
の右端から出て，左端に入るので，B点に磁
針をおくと**ウ**のようになる。また，C点に磁
針をおくと**ア**のようになる。

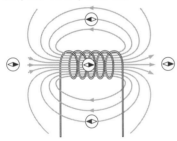

(2) 電熱線をつながないと，回路全体の**抵抗**
がほとんどなくなり，回路に大きい電流が流
れて危険である（**オームの法則**より，電流＝電
圧÷抵抗なので，抵抗が小さくなると電流が
大きくなる）。

2 U字形磁石による**磁界の向
き**は，**N極からS極**である。
また，金属棒を流れる電流
による磁界の向きは，右の
図のようになる。

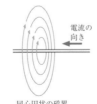

電流の
向き

同心円状の磁界

3 (1) コイルが動く向きを逆
にするには，コイルに流れ
る電流が**磁界**から受ける力の向きを逆にする。
電流が**磁界**から受ける力の向きを逆にするに
は，**電流の向き**か磁石による**磁界の向き**の一
方を逆にすればよく，スタンドとU字形磁石
は動かさないので，電流の向きを逆にすれば

よい。

(2) 電流が磁界から受ける力は，電流の大き
さが大きいほど強くなる。電流の大きさは，
オームの法則より，電流＝電圧÷抵抗なので，
抵抗の値が小さいほど大きくなる。**直列回路**
の抵抗の値は，各抵抗の値の和になるので，
アより**イ**の方が抵抗の値は大きい。一方，**並
列回路**の抵抗の値は，各抵抗の値より小さく
なるので，**ア**より**ウ**の方が抵抗の値は小さい。
したがって，抵抗の値の小さい順に並べると，
ウ→ア→イとなる。この順に，コイルが受け
る力は大きくなり，コイルの動き方は大きく
なる。

抵抗の小さい順に並べると

4 (1) コイルのまわりの磁界が変化すると，コ
イルに電圧が生じて電流が流れる。この現象
を電磁誘導といい，このとき流れる電流を**誘
導電流**という。

(2) 検流計の針は，電流が流れこんでくる側
に振れる。問題では，左側（－端子側）に振れ
ているので，電流の向きは**ア**である。

(3) 検流計の針が右に振れるようにするには，
電流の向きを逆にする必要がある。磁石の同
じ極をコイルの中に近づけるときと遠ざける
ときでは，電流の向きは逆になる。また，異
なる極を近づけると電流の向きは逆になる。

5 原子・分子

基礎問題 解答

→ 問題18ページ

1 ①分かれ ②熱分解 ③水 ④白 ⑤酸素 ⑥電流(電気) ⑦酸素 ⑧2 ⑨酸素 ⑩水素 ⑪銅

2 ⑫原子 ⑬分ける ⑭質量 ⑮化学変化 ⑯元素 ⑰周期表 ⑱分子 ⑲単体 ⑳化合物 ㉑元素記号 ㉒ O_2 ㉓ NaCl

3 ㉔化学式 ㉕左側 ㉖右側 ㉗化学式 ㉘数

基礎力確認テスト 解答・解説

→ 問題20ページ

1 (1) (例)出てきた液体が，加熱している部分に流れることを防ぐため。
(2) 二酸化炭素 (3) ア (4) 水

2 (1) (例)線香が炎を上げて燃えた。 (2) Ag (3) ①ア ②イ

3 (1) 水素 (2) エ (3) イ (4) $2H_2O \rightarrow 2H_2+O_2$

4 (1) 陽極 (2) Cl_2 (3) ①純粋な物質 ②混合物

1 (1) 発生した液体が試験管の加熱部分に流れると，試験管が割れることがあり，大変危険である。

炭酸水素ナトリウム
試験管
ガラス管
液体
石灰水

他に，加熱をやめる前に石灰水からガラス管を抜いておくことにも注意。

(2) 石灰水を白くにごらせる気体は，二酸化炭素である。
(3) 加熱後の試験管に残る固体は白色の**炭酸ナトリウム**である。炭酸ナトリウムは炭酸水素ナトリウムとは別の物質で，炭酸水素ナトリウムより水にとけやすい。
(4) **青色の塩化コバルト紙**に水をつけると**赤色(桃色)**に変化する。

2 (1) 酸化銀は，加熱によって，**銀と酸素**に分解する。酸素にはものを燃やすはたらきがあり，火のついた線香は酸素の中で炎を上げて激しく燃える。
(2) 銀は分子をつくらない物質である。
(3) 銀は金属であるので，電気を通し，たたくとうすくのびるという金属に共通の性質をもつ。

3 (1) 火のついたマッチを近づけると，音を立てて燃える気体は水素である。

(2)

気体の発生法	
二酸化炭素	石灰石にうすい塩酸を加える。
水素	亜鉛にうすい塩酸を加える。
アンモニア	塩化アンモニウムと水酸化カルシウムを混ぜて加熱する。

水を**電気分解**すると，**水素と酸素**が発生する。気体の性質から気体Xは水素，気体Yは酸素である。二酸化マンガンにうすい過酸化水素水(オキシドール)を加えると，酸素が発生する。
(3) 水分子は**水素原子2個と酸素原子1個**からできているので，水を分解すると，酸素(気体Y)は水素(気体X)の約 $\frac{1}{2}$ 倍発生する。
(4) 物質名で水の分解を表すと，
水→水素 + 酸素 となる。これを化学式で表すと，$H_2O \rightarrow H_2+O_2$ となり，両辺の水素原子と酸素原子の数を合わせると，
$2H_2O \rightarrow 2H_2+O_2$ となる。

4 (1) 塩化銅水溶液を**電気分解**すると，**陽極に気体(塩素)**が発生し，**陰極には赤色の物質(銅)**が付着する。
(2) 塩素は，プールの消毒剤のような特有のにおいのする気体である。塩素の化学式は分子の形で表す。
(3) 塩化銅($CuCl_2$)は，**純粋な物質**であり，化合物である。塩化銅水溶液は，塩化銅が水にとけているもので，塩化銅($CuCl_2$)と水(H_2O)の**混合物**である。

６日目 化学変化

基礎問題 解答

→ 問題22ページ

1 ①硫化鉄　②水素　③硫化水素
2 ④酸素　⑤燃焼　⑥黒　⑦もろ
3 ⑧酸素　⑨還元　⑩酸化
4 ⑪質量保存　⑫同じ　⑬一定(同じ)　⑭酸素　⑮質量　⑯4　⑰2
5 ⑱発熱反応　⑲吸熱反応

基礎力確認テスト 解答・解説

→ 問題24ページ

1 (1) イ　(2) Fe＋S → FeS　(3) b
2 (1) (i)水　(ii)二酸化炭素　(iii)ア
　　(2) (i) C　(ii) Cu　(iii) CO_2　物質名：炭素
3 (1) 質量保存の法則
　　(2) 質量：小さくなった。
　　　　理由：気体が容器の外へ逃げたから。
4 (1) 右の図　(2) 3：2　(3) $2Mg＋O_2 → 2MgO$
　　(4) 10個

4 (1)

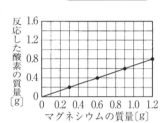

1 (1) 鉄と硫黄が結びついたもの(**硫化鉄**)には，鉄の性質は残っていないので，磁石を用いて他の物質と分けることはできない。鉄と硫黄が結びつく反応は発熱反応であり，反応が始まったら加熱をやめても，反応で発生した熱で反応が続く。

(2) 鉄＋硫黄→硫化鉄　を化学反応式で表す。硫化鉄は，鉄(Fe)と硫黄(S)が１：１の割合で結びついたものなので，それぞれの物質を化学式で書くと，Fe＋S → FeS　となる。

(3) **鉄と硫黄の混合物**にうすい塩酸を加えると，無臭の**水素**が発生し，**硫化鉄**にうすい塩酸を加えると，腐った卵のようなにおいのある**硫化水素**が発生する。

2 (1) 水をつけると青色の塩化コバルト紙は赤色(桃色)に変わる。石灰水は二酸化炭素と反応すると，白くにごる。**燃焼**させると，水と二酸化炭素が発生するのは**有機物**である。

(2) 酸化銅と炭素の粉末を混ぜているので，矢印の左側の(i)には炭素が入る。実験２の反応で，石灰水が白くにごっていることから，二酸化炭素が発生していることがわかる。また，銅も生じている。矢印の右側には二酸化炭素と銅が入るが，矢印の左側では銅原子が２個あるので，(ii)には銅が入る。

3 (1) 化学変化の前後で，物質全体の質量は変わらない。このことを**質量保存の法則**という。

(2) 石灰石とうすい塩酸が反応して，二酸化炭素が発生する。ふたを開けると，気体の一部が**容器の外へ出る**ので，質量は小さくなる。

4 (1) 表の下段の数値(酸化マグネシウムの質量)から上段の数値(マグネシウムの質量)を引いて，それぞれ反応した酸素の質量を求め，グラフをかく。

マグネシウムの質量〔g〕	0.3	0.6	0.9	1.2
反応した酸素の質量〔g〕	0.2	0.4	0.6	0.8

(2) 表より，0.3gのマグネシウムが酸化してできた酸化マグネシウム0.5g中の酸素の質量は，0.5－0.3＝0.2〔g〕だから，
マグネシウムの質量：酸素の質量＝0.3：0.2
＝3：2

(3) 「マグネシウム＋酸素→酸化マグネシウム」を化学反応式で表す。酸化マグネシウムは，マグネシウム(Mg)と酸素(O)が１：１の割合で結びついたものであるので，それぞれの物質を化学式で書くと，$Mg＋O_2 → MgO$となる。化学変化の前後で，原子の種類と数を等しくすると，$2Mg＋O_2 → 2MgO$となる。

(4) 酸素の分子は酸素の原子２個からできているので，酸素の分子20個は酸素の原子40個である。マグネシウムと酸素は１：１の割合で結びつくので，酸素の原子40個と反応するマグネシウムの原子は40個である。

基礎問題 解答

→ 問題26ページ

1 ①被子植物 ②おしべ ③やく ④受粉 ⑤種子 ⑥果実 ⑦裸子植物
2 ⑧双子葉類 ⑨単子葉類
3 ⑩シダ植物 ⑪コケ植物
4 ⑫背骨 ⑬卵生 ⑭胎生
5 ⑮背骨 ⑯節足動物 ⑰外骨格 ⑱軟体動物 ⑲外とう膜

基礎力確認テスト 解答・解説

→ 問題28ページ

1 (1) イ　(2) B→D→A→C
　　(3) (例)胚珠が子房の中にあるかどうか。
2 (1) シダ　(2) (例)むき出しになっている　(3) イ，エ
　　(4) 右図1
　　(5) (葉脈のようす)右図2　(根のようす)右図3
3 (1) セキツイ動物　(2) X：肺　Y：皮膚
　　(3) エ，カ

図1

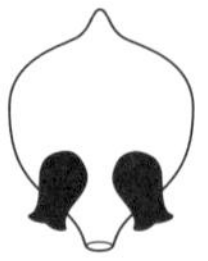

図2 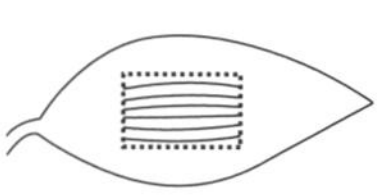　　　図3

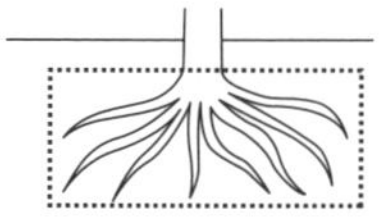

1 (1) ルーペはつねに目に近づけて持つ。観察するものを動かせるときは観察するものを，観察するものが動かせないときは顔を，前後に動かしてピントを合わせる。
　(2) 被子植物の花は，ふつう**外側から，がく，花弁，おしべ，めしべの順**についている。
　(3) アブラナは胚珠が子房の中にある**被子植物**であり，マツは胚珠がむき出しの**裸子植物**である。「子房」という指定語句を用いて書くこと。

2 (1) 植物は，種子をつくってなかまをふやす**種子植物**と，種子をつくらず胞子でなかまをふやす植物に大きく分類される。種子をつくらず胞子でなかまをふやす植物はさらに，根・茎・葉の区別がある**シダ植物**と，根・茎・葉の区別がない**コケ植物**に分けられる。
　(2) 種子植物は，胚珠が子房の中にある被子植物と，子房がなく胚珠がむき出しの裸子植物に分類される。
　(3) 裸子植物に分類されるのは，**イ**のイチョウと**エ**のスギである。**ア**のアサガオは被子植物の**双子葉類**，**ウ**のイネは被子植物の**単子葉類**に分類される。
　(4) 受粉後，種子となるのは**胚珠**である。裸子植物であるマツの胚珠は，雌花のりん片でむき出しになっている部分である。
　(5) 単子葉類の葉脈は**平行脈**で，根は**ひげ根**

である。また，茎の横断面では維管束が全体に散らばっている。一方，双子葉類の葉脈は**網状脈**で，根は**主根と側根**からなる。また，茎の横断面では維管束が輪の形にならんでいる。

		葉脈のようす	茎の維管束	根のようす
単子葉類	(子葉1枚)	平行脈 	散らばっている 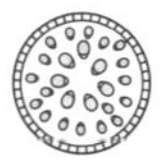	ひげ根 
双子葉類	(子葉2枚)	網状脈 	輪の形にならぶ 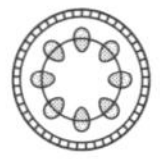	主根と側根 

3 (1) 背骨がある動物を**セキツイ動物**という。ブリは**魚類**，カエルは**両生類**，トカゲは**ハチュウ類**，スズメは**鳥類**，イヌは**ホニュウ類**のなかまである。
　(2) カエルなどの両生類は，幼生(子)のころは水中で生活するためえらで呼吸し，成体(大人)になると陸でも生活するため肺で呼吸するようになる。しかし，両生類の肺は完全なものではないため，皮膚でも呼吸している。
　(3) コウモリはホニュウ類なので，体表は毛でおおわれていて(**エ**)，子は母親の体内である程度まで育ってからうまれる胎生(**カ**)である。

8日目 大地の変化

基礎問題 解答
→ 問題30ページ

1 ①火成岩　②深成岩　③等粒状　④火山岩　⑤斑状　⑥無色　⑦有色　⑧火山岩　⑨花こう岩
2 ⑩初期微動　⑪初期微動　⑫大きな　⑬初期微動継続時間　⑭震度　⑮マグニチュード
3 ⑯大きい　⑰示相化石　⑱示準化石　⑲れき岩　⑳泥岩　㉑石灰岩　㉒チャート　㉓凝灰岩
　　㉔しゅう曲　㉕断層
4 ㉖地熱　㉗火砕流　㉘津波

基礎力確認テスト 解答・解説
→ 問題32ページ

1 (1) 主要動　(2) 6秒　(3) 6.7km/s
2 (1) 火山岩　(2) 大地が隆起し，表面がけずられたため。　(3) ア
3 (1) 粒の大きさ　(2) ① 3つ　② 約6m　(3) ウ，オ
4 示準化石

---

1 (1) 図の地震計の記録で，(ア)は，地震のはじめの小さなゆれを，(イ)は，それに続く大きなゆれを表している。はじめにくる小さなゆれを**初期微動**，その後にくる大きなゆれを**主要動**という。
(2) B市の初期微動が始まった時刻は8時47分00秒，主要動が始まった時刻は8時47分06秒である。よって，初期微動継続時間は，
8時47分06秒－8時47分00秒＝6〔秒〕
(3) 小さなゆれが始まった時刻は，B市では8時47分00秒，A市では8時47分14秒である。よって，小さなゆれが始まった時刻の差は，
8時47分14秒－8時47分00秒＝14〔秒〕
また，B市とA市の間の距離は，
139－45＝94〔km〕なので，小さなゆれは，14秒間で94km伝わったことになる。よって，その速さは，
94÷14＝6.71…≒6.7〔km/s〕

2 (1) 小さな粒の間に大きな粒があるのは**斑状組織**である。斑状組織は**火山岩**に見られるつくりである。火成岩Bはほぼ同じ大きさの粒でできたつくりをしている**等粒状組織**である。等粒状組織は**深成岩**に見られるつくりである。
(2) 土地の隆起や地殻変動などにより，地下深くの岩石が上へおし上げられることがある。風化によって，年月とともに地面の岩石はけずられていく。
(3) 火山の噴出物に関係の深いものは，火山灰などからできている**凝灰岩**である。チャートと石灰岩は**生物の死がい**からできており，砂岩は岩石の粒が堆積してできた堆積岩である。

3 (1) 泥岩と砂岩はいずれも堆積岩である。れき岩，砂岩，泥岩は粒の大きさで区別する。
れき岩は粒の直径が2mm以上，砂岩は$\frac{1}{16}$～2mm，泥岩は$\frac{1}{16}$mm以下である。
(2) A～D地点は，5mずつ標高がちがうので，それぞれの地点の柱状図で，左側の地点の上1mと右側の地点の下1mは重なっている。したがって，地層とその厚さは，下から順に，石灰岩(約3m)，砂岩(約6m)，泥岩(約3m)，砂岩(約3m)，凝灰岩(約2m)，砂岩(約2m)，泥岩(約2m)である。
① 上記より砂岩の層は3つあることがわかる。
② 上記より，砂岩の3つの層のうち，最も厚いものは約6mである。
(3) 地層は一般に下の層は上の層よりも古い。石灰岩の層が最も下にあるので，最も古い層であることがわかる。また，**サンゴ**は代表的な**示相化石**で，地層ができた当時**浅くあたたかい海**であったことを示す。

4 地層ができた年代を知る手がかりとなる化石は**示準化石**である。**示準化石**には以下のようなものがある。

地質年代				示準化石の例
新生代	第四紀			ナウマンゾウ(第四紀)
	新第三紀		260万年前	ビカリア(新第三紀)，メタセコイア(新第三紀)
	古第三紀			
中生代			6600万年前	アンモナイト，恐竜類
古生代			2億5000万年前	サンヨウチュウ，フズリナ，フデイシ
			5億4000万年前	

基礎問題 解答

→ 問題34ページ

1 ①核 ②葉緑体

2 ③水 ④(栄)養分 ⑤維管束 ⑥葉緑体 ⑦気孔 ⑧蒸散

3 ⑨水 ⑩呼吸

4 ⑪消化管 ⑫消化液 ⑬消化液 ⑭アミラーゼ ⑮ペプシン ⑯ブドウ糖 ⑰タンパク質 ⑱柔毛

5 ⑲酸素 ⑳二酸化炭素 ㉑酸素 ㉒酸素 ㉓二酸化炭素 ㉔肝臓 ㉕尿素

6 ㉖感覚器官 ㉗中枢神経 ㉘中枢神経 ㉙運動神経 ㉚脳 ㉛反射

基礎力確認テスト 解答・解説

→ 問題36ページ

1 (1) (例)葉を脱色するため。 (2) ①ア ②イ
(3) エ (4) ③蒸散 ④吸水

2 (1) 肺胞 (2) 記号：e 理由：(例)養分は小腸で血液中にとり込まれるから。
(3) 血しょう (4) ①ヘモグロビン ②b (5) じん臓

3 (1) X：感覚神経 Y：運動神経 (2) 反射

1 (1) あたためた**エタノール**の中に葉を入れると，葉の緑色が脱色され，ヨウ素液による色の変化が観察しやすくなる。
(2) **光合成**が行われると**デンプン**ができるので，ヨウ素液が青紫色に変化する。よって，A〜Dのうち，光合成が行われたのはAのみである。また，A〜Dの条件と結果を簡単にまとめると，次のようになる。

A：葉緑体○，日光○→光合成が行われた
B：葉緑体×，日光○ ⎫
C：葉緑体○，日光× ⎬ 光合成は
D：葉緑体×，日光× ⎭ 行われなかった

①光合成が**葉緑体**で行われることを確かめられるのは，葉緑体の有無だけが異なり，その他の条件が同じAとBである。
②光合成に光が必要であることを確かめられるのは，日光の有無だけが異なり，その他の条件が同じAとCである。
(3) 葉でつくられた栄養分の通る**師管**は，茎の維管束の**外側**にある。
(4) 植物が根から吸収した水は，**道管**を通って葉まで運ばれ，水蒸気となって**気孔**から空気中へ出ていく。

2 (1) 肺は，**肺胞**という小さな袋状のつくりがあることで，空気にふれる表面積を大きくし，効率よく酸素と二酸化炭素の交換を行っている。
(2) 養分はおもに**小腸**で吸収された後，血液

によって**肝臓**に運ばれるので，小腸と肝臓を結ぶ血管を流れる血液が，最も多く養分をふくむ。
(3) 柔毛の毛細血管に入った養分は，血液の液体の成分である**血しょう**にとけて，全身の細胞に運ばれる。
(4) 赤血球にふくまれる**ヘモグロビン**という物質には，酸素の多いところでは酸素と結びつき，酸素の少ないところでは酸素をはなすという性質がある。この性質によって，肺で血液中に多くの酸素をとり込むことができるので，肺から心臓に向かう血液は酸素と結びついている割合が最も高い。
(5) **じん臓**は，血液中から**尿素**などの不要な物質をとり除き，養分などの必要な物質を血液に戻している。

3 (1) **感覚器官**が受けとった外界からの刺激によって生じた信号は，**感覚神経**を通って**せきずい**や脳に伝わり，せきずいや脳からの信号は**運動神経**を通って筋肉に伝わる。
(2) 刺激に対するヒトの反応には，意識して起こす反応と，無意識に起こる反応(**反射**)がある。反射は，意識して起こす反応に比べて反応時間が短く，身を守るのに役立っている。

10日目 天気

基礎問題 解答

→問題38ページ

1 ①圧力 ②パスカル ③面積 ④大気圧（気圧） ⑤小さ ⑥hPa

2 ⑦湿度 ⑧風向 ⑨8 ⑩等圧線

3 ⑪寒冷前線 ⑫温暖前線 ⑬停滞前線

4 ⑭偏西風 ⑮海風 ⑯陸風

5 ⑰シベリア ⑱オホーツク海 ⑲小笠原 ⑳西高東低 ㉑北西 ㉒低気圧 ㉓梅雨（つゆ）
㉔南高北低 ㉕台風 ㉖台風

6 ㉗飽和水蒸気量 ㉘飽和水蒸気量 ㉙飽和水蒸気量 ㉚露点 ㉛露点

基礎力確認テスト 解答・解説

→問題40ページ

1 (1) 露点 (2) 75%

2 ①群：（イ） ②群：（コ）

3 (1) （例）晴れた日は，気温が下がると湿度は上がり，気温が上がると湿度は下がる。
(2) 寒冷前線 (3) ウ→ア→イ

---

1 (1) 空気が冷えて，空気中の水蒸気が凝結し，水滴になり始めるときの温度を**露点**という。温度が露点のとき，湿度は100%になる。

(2) 露点が15℃であることと問題の表より，この空気1m³中には，12.9gの水蒸気がふくまれていることがわかる。はじめの気温は20℃であり，問題の表より，20℃の空気1m³中には，17.3gの水蒸気をふくむことができることがわかる。水蒸気の量は変わらないので，20℃のときも，この空気1m³中には，12.9gの水蒸気がふくまれていたと考えられる。したがって，湿度〔%〕は，

$$\frac{12.9}{17.3} \times 100 = 74.5 \cdots \text{より，} \ 75 〔\%〕$$

$$湿度〔\%〕= \frac{空気1m^3中にふくまれる水蒸気量〔g/m^3〕}{その温度での飽和水蒸気量〔g/m^3〕} \times 100$$

2 問題の天気図は，**西高東低**の気圧配置を表しており，これは**日本の冬の天気**の特徴である。冬は，北西の季節風がふく。日本海側で大量に水

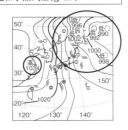

蒸気をふくんだ空気が日本列島の山脈にぶつかり上昇して雲ができる。その雲が雪を降らせるので，冬は日本海側で雪が降ることが多い。一方，太平洋側は乾燥した晴れの日が多い。冬に日本の天気に最も影響を与える気団は，**シベリア気団**であり，シベリア気団は寒冷で乾燥している。

3 (1) 1日目は晴れのち雨，2日目は雨，3日目は晴れとあるので，晴れのときだけを考える。問題の図で1日目の朝や3日目を見ると，気温が低いときは湿度が高く（1日目の3～9時，3日目の0～6時と18～24時），気温が高いときは湿度が低い（3日目の9～18時）ことがわかる。

(2) 問題の表から，2日目の15～18時では，気温が16.2℃から12.4℃に**下がり**，風向きが南東から北北西に変わっているので，**寒冷前線**が通過したと考えられる。

(3) 大分県付近の天気の変化や3日間の9時の気圧を比べる。低気圧（低気圧にともなう前線も）や高気圧は，偏西風の影響で西から東へと移動していくので，問題の図の**ア**は寒冷前線が大分県を通過する前であることがわかる。したがって，**ア**は雨であった2日目である。**イ**は寒冷前線が大分県の東にあるので，寒冷前線が通過して晴れた3日目，**ウ**は高気圧におおわれて大分県も晴れている1日目である。**ア**，**イ**，**ウ**の3つの図を正しい順に並べると，下の図のようになる。

第1回　総復習テスト

⊃問題 42 ページ

解答

1. (1) 右図　(2) 50g　(3) 9.0cm
2. (1) 方法：水上置換法　性質：水にとけにくい性質
   (2) ウ　(3) イ
3. (1) Fe+S → FeS　(2) ①鉄　②0.7g
4. (1) 5.1V　(2) ア
5. (1) 酸素　(2) ヨウ素(溶)液　(3) X：オ　Y：エ
6. ①ウ　②イ　③ア
7. (1) (例)震源から観測点までの距離が長くなると，初期微動継続時間も長くなる。　(2) エ
   (3) イ
8. (1) 天気：晴れ　風向：南東　(2) ウ　(3) エ

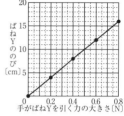

解説

1. (1) はじめに電子てんびんに物体Eをのせたとき，電子てんびんが物体Eから受ける力の大きさは，物体Eにはたらく重力の大きさと等しいので，80÷100＝0.8〔N〕である。

この状態からばねYを真上にゆっくり引き上げていくと，物体EにはばねYが物体Eを引く力が加わり，その力の大きさの分だけ，電子てんびんが物体Eから受ける力の大きさは小さくなる。このとき，ばねYが物体Eを引く力と手がばねYを引く力はつり合っていて，その大きさは等しい。

したがって，**手がばねYを引く力の大きさ〔N〕＝物体Eにはたらく重力の大きさ〔N〕－電子てんびんが物体Eから受ける力の大きさ〔N〕**と計算できる。

電子てんびんの示す値〔g〕	80	60	40	20	0
電子てんびんが物体Eから受ける力の大きさ〔N〕	0.80	0.60	0.40	0.20	0
ばねYののび〔cm〕	0	4.0	8.0	12.0	16.0
手がばねYを引く力の大きさ〔N〕	0	0.20	0.40	0.60	0.80

求めた値と，ばねYののびをグラフ上に・で記入し，原点を通る直線で結ぶ。

(2) (1)のグラフから，ばねYののびが6.0cmのときの手がばねYを引く力の大きさは0.30Nである。(1)より，電子てんびんが物体Eから受ける力の大きさ〔N〕＝物体Eにはたらく重力の大きさ〔N〕－手がばねYを引く力の大きさ〔N〕　で求められるので，

0.80〔N〕－0.30〔N〕＝0.50〔N〕

よって，電子てんびんの示す値は50gである。

(3) 質量120gの物体Fにはたらく重力の大きさは1.20N。また，電子てんびんの示す値が75gのとき，電子てんびんが物体Fから受

ける力の大きさは0.75Nなので，手がばねYを引く力の大きさは，

1.20〔N〕－0.75〔N〕＝0.45〔N〕

(1)のグラフより，手がばねYを引く力の大きさが0.45NのときのばねYののびを読みとると，9.0cmである。

2. (1) 図の気体の集め方は**水上置換法**である。水上置換法は，水にとけにくい気体を集めるのに適した方法である。

(2) 亜鉛にうすい塩酸を加えると**水素**が発生する。水素は空気と混合すると爆発しやすくなる。鼻をさすような特有のにおいがあるのは**アンモニア**など，物質を燃やすはたらきがあるのは**酸素**である。

(3) うすい塩酸を加えると**水素**が発生するのはスチールウール(鉄)である。亜鉛や鉄の他に，アルミニウムはくにうすい塩酸を加えても水素が発生する。

3. (1) **鉄**の元素記号はFeで，**硫黄**の元素記号はSである。鉄の原子と硫黄の原子は，1：1の割合で結びつくから，鉄と硫黄の反応によってできた黒い物質(**硫化鉄**)の化学式は，FeSとなる。化学反応式は，反応前の物質を矢印の左側に，反応後の物質を矢印の右側に書く。矢印の左側と右側で，原子の種類と数が等しくなるように，化学式の前に数字をつける必要がある場合もあるので注意。

(2) 鉄9.8gが完全に反応するには，

$9.8〔g〕× \dfrac{4}{7} ＝5.6〔g〕$の硫黄が必要であり，5.2g

の硫黄では足りない。硫黄5.2gが完全に反応するには，$5.2〔g〕× \dfrac{7}{4} ＝9.1〔g〕$の鉄が必要であ

る。9.8gの鉄と5.2gの硫黄を完全に反応させると，残る物質は鉄である。このとき，9.8－9.1＝0.7〔g〕の鉄が反応しないで残る。

4 (1) 電流計や電圧計の値を読みとるときは，使われた－端子の値に注意する。ここでは，500mAの－端子が使われたので，図2の電流の大きさは，340mA(0.34A)と読みとれる。**オームの法則**より，電圧＝電流×抵抗なので，0.34〔A〕×15〔Ω〕＝5.1〔V〕

(2) 電流の向きや磁界の向きのどちらか一方が逆になると，コイルが受ける力の向きも逆になる。図3は図1とは**磁石の磁界の向きが逆で，U字形磁石の間の電流の向きも逆**だから，コイルは図1と同じ向き(手前)に動く(磁石の磁界の向きと電流の向きの両方が逆になると，コイルの動く方向は変わらない)。図4は図1と**磁石の磁界の向きは同じで，U字形磁石の間の電流の向きが逆**だから，コイルは図1と逆の向き(向こう)に動く。

5 (1) **二酸化炭素**と**水**があるとき，植物が光を受けると**光合成**が行われる。光合成は，二酸化炭素と水から栄養分(**デンプン**)をつくるはたらきであり，このとき**酸素**もできる。Dの試験管には，二酸化炭素と水があり，日光が当たっているので，光合成が行われ，酸素が発生している。

(2) デンプンに加えると青紫色に変化するのはヨウ素液である。

(3) 調べたい条件だけを変えた試験管どうしの結果を比較する。また，光合成が行われたかを調べるので，光合成が行われたDの試験管と他の試験管を比較する。日光が当たっているか当たっていないかという条件だけがDの試験管とちがうのはCの試験管なので，□X□にはCとDが入る。二酸化炭素があるかどうかという条件だけがDの試験管とちがうのは，Bの試験管なので，□Y□にはBとDが入る。

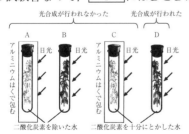

6 血液の液体の成分は**血しょう**とよばれ，血管の外へしみ出したものを**組織液**とよぶ。消化管で吸収された養分は，血しょうにとけて全身の細胞に運ばれる。また，細胞の活動によってできた二酸化炭素やアンモニアなどの不要

な物質も血しょうにとけて，体外へ排出する器官へ運ばれる。酸素は**赤血球**の中の**ヘモグロビン**と結びついて全身に運ばれる。

7 (1) 初期微動を伝える波(P波)と主要動を伝える波(S波)の到着時刻の差を**初期微動継続時間**という。震源からはP波とS波は同時に発生するが，P波の方が伝わる速さが速いので，先に到着する。震源から遠くなるほど，P波

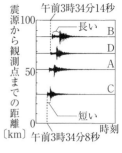

とS波の到着時刻の差は長くなるので，**初期微動継続時間**は長くなる。図1からも，震源に近いCの地点より震源から遠いBの地点の方が初期微動継続時間が長いことがわかる。

(2) 地震のゆれは，震源を中心に**同心円状**に伝わるので，この地震のP波の伝わる速さは，(C地点とD地点の震源からの距離の差)÷(C地点とD地点のP波の到着時刻の差)で求めることができる。

$\dfrac{(68-29)〔km〕}{(14-8)〔s〕} = \dfrac{39〔km〕}{6〔s〕} = 6.5〔km/s〕$だから，C地点にP波が到着したのは，地震発生時刻から，29〔km〕÷6.5〔km/s〕＝4.46…〔s〕後であったと考えられ，地震が発生したのは，午前3時34分8秒の約4.5秒前となる。

(3) 震源からA〜D各地点までの距離から考える。Cの地点が最も震源に近いので，震源は**イ**か**オ**だと考えられる。震源はAの地点から53km，Bの地点から84km離れているので，**オ**が震源だと考えると条件に合わない。したがって，震源は**イ**だと考えられる。

8 (1) 天気図記号の○の中は天気を表し，矢ばねの向きが風向を表す。風向は，図中に示された北の方角をもとに矢ばねの向きを読みとる。

(2) **寒冷前線**が通過すると，気温が急激に下がり，風向が変わる。そのような変化が見られるのは，11時〜13時である。

(3) 寒冷前線付近では，激しい上昇気流によって**積乱雲**などが発達し，にわか雨が降りやすい。また，(2)のように，気温は下がる。

解答

1 (1) 名称：肝臓　記号：P　(2) 血しょう　(3) エ
2 (1) 右図　(2) 8：3
3 (1) 1.5 倍　(2) 0.5A
4 (1) (例)周囲の気圧が低くなるから。　(2) 露点（ろてん）
5 (1) ①光合成（こうごうせい）②ア　③イ　(2) BとC
　　(3) (例)葉の裏側の方が表側より気孔（きこう）が多いから。
6 (1) ア，エ　(2) (例)地層（ちそう）が堆積（たいせき）した当時の環境
　　(3) 斑晶（はんしょう）

2 (1)
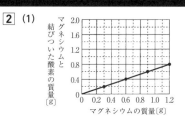

解説

1 (1) 小腸の柔毛（じゅうもう）で吸収されたブドウ糖は肝臓に運ばれて，たくわえられる。そのあと，必要に応じて肝臓から全身に送られる。肝臓は図のPである。Qは胃，Rはすい臓，Sは小腸である。
(2) 血液は赤血球，白血球，血しょう，血小板からできている。このうち，液体の成分は血しょうである。血しょうは養分やからだに不要な物質を運ぶはたらきをもつ。
(3) 有害なアンモニアを害の少ない尿素に変えるのは肝臓のはたらきである。肝臓でつくられた尿素はじん臓でこしとられて，水分とともに尿として排出される。

2 (1) マグネシウムを加熱すると，マグネシウムは空気中の酸素と結びつくので，結びついた酸素の分だけ質量がふえる。マグネシウムを質量が変化しなくなるまで加熱してできた物質は，酸化マグネシウムである。マグネシウムと結びついた酸素の質量は，(酸化マグネシウムの質量)−(マグネシウムの質量)で求めることができる。その値を図中に「・」で表し，原点と「・」を通る直線をかく。

マグネシウムの質量〔g〕	0.3	0.6	0.9	1.2
結びついた酸素の質量〔g〕	0.2	0.4	0.6	0.8

(2) 図2より，(銅の質量)：(銅と結びついた酸素の質量)＝4：1である。また，図1より，(マグネシウムの質量)：(マグネシウムと結びついた酸素の質量)＝3：2である。マグネシウムと銅の質量が同じ値になるように，それぞれの比を整数倍すると，マグネシウム：酸素＝3：2＝12：8，銅：酸素＝4：1＝12：3だから，同じ質量のマグネシウムと銅に結びつく酸素の質量の比は，8：3となる。
〔別解〕図1，2から比を求めることもできる。0.6gのマグネシウムと結びつく酸素の質量は，図1より，0.4gである。また，0.6gの銅と結びつく酸素の質量は，図2より，0.15gである。したがって，同じ質量のマグネシウムと銅に結びつく酸素の質量の比は，0.4：0.15＝8：3と求めることができる。

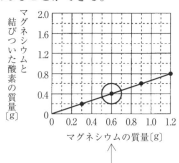

マグネシウムの質量が0.6gのところを見る。

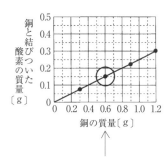

マグネシウムと同じ質量のところを見る。

3 (1) 図2から，電熱線Aの抵抗（ていこう）の値は，オームの法則より，3〔V〕÷0.3〔A〕＝10〔Ω〕，電熱線Bの抵抗の値は，3〔V〕÷0.2〔A〕＝15〔Ω〕である。したがって，電熱線Bの抵抗の値は，電熱線Aの 15÷10＝1.5〔倍〕である。

(2)

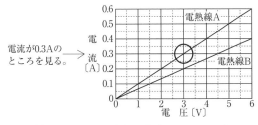

電流が0.3Aの
ところを見る。

電熱線Aを流れる電流の大きさは0.3Aなので，
図2より，電熱線Aに加わる電圧は3Vである。
並列回路の場合，2つの電熱線には同じ電圧
が加わるので，電熱線Bにも3Vの電圧が加
わる。

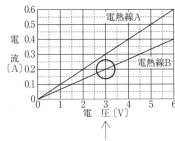

電圧が3Vのところを見る。

図2より，電熱線Bに3Vの電圧が加わるとき，
電熱線Bには0.2Aの電流が流れている。並列
回路では2つの電熱線に流れる電流の和が点
cを流れる電流になるので，点cには，
0.3〔A〕+0.2〔A〕=0.5〔A〕の電流が流れる。
〔別解〕**オームの法則**を使って解くこともでき
る。**オームの法則**より，電熱線Aには
0.3〔A〕×10〔Ω〕=3〔V〕の電圧が加わっている
ことがわかる。並列回路の場合，2つの電熱
線には同じ電圧が加わるので，電熱線Bにも
3Vの電圧が加わる。電熱線Bに流れる電流は，
オームの法則より，3〔V〕÷15〔Ω〕=0.2〔A〕で
ある。したがって，点cに流れる電流は，
0.3〔A〕+0.2〔A〕=0.5〔A〕　図2のようなグラ
フがない場合でも，このように**オームの法則**
を用いて解くことができる。

4 (1) 地上からの高度が上がるにつれてその地
点より上にある空気は少なくなるので気圧も
下がっていく。まわりの気圧が下がると，上
昇した空気は膨張する。

(2) 気体が液体に変わることを凝結といい，空
気中の水蒸気が凝結し始めるときの温度を**露
点**という。気温が**露点**に達したところで，空
気中の水蒸気は凝結し始め，雲ができる。

5 葉の表皮には，三日月形の**孔辺細胞**という細
胞で囲まれたすきまが多数ある。このすきま
が**気孔**である。気孔を通して，植物のからだ
から水が水蒸気となって出ていく現象を**蒸散**

という。

(1) 光合成に必要な二酸化炭素は，**気孔**を通
して植物のからだに入り，光合成によってで
きた酸素は，**気孔**を通して植物のからだから
出ていくので，光合成が行われているときは，
気孔が開いている。Dでは，葉に日光が当た
らないようにアルミニウムはくで包んである
ので，光合成は行われない。したがって，気
孔は閉じたものが多い。

(2) 葉にワセリンを塗ると，気孔はふさがれ
た状態になり，蒸散は行われなくなる。した
がって，Bでは主に葉の**裏側**で蒸散が行われ，
Cでは主に葉の**表側**で蒸散が行われる。Bと
Cの蒸散量を比べると，葉の表側の蒸散量（C）
と葉の裏側の蒸散量（B）のちがいを調べるこ
とができる。

(3) BとCでの蒸散量のちがいは，気孔の数
のちがいによるものである。気孔は，ふつう
葉の表側より裏側に多くあるので，葉の裏側
にワセリンを塗ると，表側に塗ったときより
も蒸散量は少なくなる。

6 (1) **堆積岩**には，**れき岩，砂岩，泥岩**のほかに，
火山灰などが堆積してできた**凝灰岩**と水中の
生物の殻や骨格などが押し固められてできた
石灰岩や**チャート**がある。**花こう岩**と**安山岩**
は，マグマが冷えて固まってできた**火成岩**で
ある。

(2) 地層が堆積した当時の環境を知る手がか
りになる化石を**示相化石**といい，**サンゴ**の化
石（あたたかくて浅い海）や**ホタテガイ**の化石
（冷たい沖合）があてはまる。また，地層が堆
積した**年代**を決める手がかりになる化石を，
示準化石という。

(3) 図2の火成岩のように，小さい粒の間に
比較的大きな粒がちらばったつくりをしてい
る岩石は，マグマが地表や地表近くで急に冷
え固まってできた火山岩である。火山岩は，
小さな粒の部分（**石基**）と，比較的大きな粒（**斑
晶**）からできている。このようなつくりを**斑状
組織**という。火成岩には地下深くでゆっくり
と固まってできた深成岩もあり，深成岩は大
きさのほぼそろった粒でできたつくりをして
いる。このようなつくりを**等粒状組織**という。

斑状組織　　　　　等粒状組織

石基

斑晶

受験合格への道

受験の時期までにやっておきたい項目を，
目安となる時期に沿って並べました。
まず，右下に，志望校や入試の日付などを書き込み，
受験勉強をスタートさせましょう！

受験勉強スタート！

春

中学1・2年生の内容を固める

まずは本書を使って中学1・2年生の内容の基礎を固めましょう。**苦手だとわかったところは，教科書やワークを見直しておきましょう。**自分の苦手な範囲を知って，基礎に戻って復習し，克服しておくことが重要です。

中学3年生の内容を固める

中学3年生の内容は，**学校の進み具合に合わせて基礎を固めていくようにしましょう。**教科書やワーク，定期テストの問題を使って，わからないところ，理解していないところがないか，確認しましょう。

夏

応用力をつける

入試レベルの問題に積極的に取り組み，応用力をつけていきましょう。**いろいろなタイプの問題や新傾向問題を解いて，あらゆる種類の問題に慣れておくことが重要です。**夏休みから受験勉強を始める場合，あせらずまずは本書で基礎を固めましょう。

秋

志望校の対策を始める

実際に受ける学校の過去問を確認し，傾向などを知っておきましょう。過去問で何点とれたかよりも，出題形式や傾向，雰囲気に慣れることが大事です。また，似たような問題が出題されたら，必ず得点できるよう，復習しておくことも重要です。

冬

最終チェック

付録の「要点まとめシート」などを使って，全体を見直し，理解が抜けているところがないか，確認しましょう。**入試では，基礎問題を確実に得点することが大切です。**

入試本番！

志望する学校や入試の日付などを書こう。

要点まとめブック

身のまわりの現象

1 光

①光の**直進**…光が同じ物質中をまっすぐに進むこと。

②光の**反射**…光が**物体の表面ではね返る**こと。

● 光の**反射の法則**…**入射角と反射角が等しい**こと。

③光の**屈折**…種類のちがう透明な物質の境界面に光がななめに進むとき，その境界面で光の**進む道すじが折れ曲がる**こと。

④凸レンズの性質

● **焦点**…光が屈折して集まる点。

● **焦点距離**…凸レンズの中心から焦点までの距離。

重要 ⑤凸レンズの像(**実像**)

● 物体が焦点距離の2倍の位置より外側にあるとき，物体より**小さな実像**が，**焦点と焦点距離の2倍の位置の間**にできる。(**図1**)

● 物体が焦点距離の2倍の位置にあるとき，物体と**同じ大きさの実像**が，**焦点距離の2倍の位置**にできる。(**図2**)

● 物体が焦点と焦点距離の2倍の位置の間にあるとき，物体より**大きな実像**が，**焦点距離の2倍の位置より外側**にできる。(**図3**)

注意 ⑥**虚像**…物体が凸レンズの**焦点よりも内側**にあるとき，物体の反対側から凸レンズを通して見える像。

▼ 光の反射と屈折

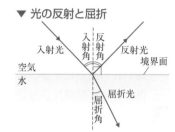

図1

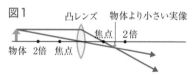

図2

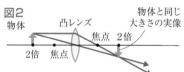

図3

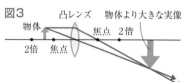

▼ 虚像の見え方

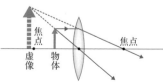

2 音

①音の伝わり方

▼ 音の伝わり方

- **音源(発音体)**…音を出すもの。

- 音は，空気だけでなく，すべての物質(固体，液体，気体)の中を振動することで波として伝わる。

- 真空中では振動を伝える物質がないので，音は伝わらない。

②音の速さ…空気中で約 340m/s。

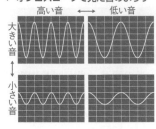

音源から同心円状に波として音が伝わっていく。

③音の大きさと高さ

▼ オシロスコープで見た音のようす

- **振幅**…物体が振動する振れ幅。

- **振動数**…物体が 1 秒間に振動する回数。単位はヘルツ(記号：Hz)。

- 大きい音…振幅が大きい。

  小さい音…振幅が小さい。

  高い音…振動数が多い。

  低い音…振動数が少ない。

3 力

①いろいろな力

- **摩擦力，弾性力，垂直抗力(抗力)，重力，磁力(磁石の力)，電気力(電気の力)**

- **力のはたらき**…物体の形を変える。物体を支える。物体の運動のようす(速さや向き)を変える。

②力の単位…ニュートン(記号：N)が用いられる。約 100g の物体にはたらく重力の大きさ(重さ)を 1 N とする。

◎重要 ③フックの法則…ばねののびは，ばねに加わる力の大きさに比例するという法則。

◎重要 ④力の表し方

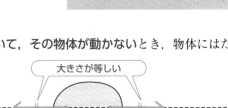

▼ 力の表し方

作用点 (力のはたらく点)

力の大きさ：1Nを1mm とすると，10Nは10mm

力の向き

- **作用点(力のはたらく点)**：矢印の始点にする。

- **力の向き**：矢印の向きで表す。

- **力の大きさ**：矢印の長さで表し，力の大きさに比例した長さにする。

⑤2力のつり合い

- 1つの物体に2つの力がはたらいていて，その物体が動かないとき，物体にはたらく力はつり合っている。

- 2力がつり合う条件

  ・2力が一直線上にある。

  ・2力の大きさが等しい。

  ・2力の向きが反対である。

大きさが等しい

向きが反対

一直線上にある

身のまわりの物質

1 物質の性質

① 密度…物質 1cm³ あたりの質量。単位は g/cm³。

- 物質によって決まっている。物質を区別するのに用いられる。気体の密度は g/L で表される。(1L＝1000cm³)

$$\text{密度〔g/cm³〕}=\frac{\text{質量〔g〕}}{\text{体積〔cm³〕}}$$

② 有機物…炭素をふくむ物質。燃えて二酸化炭素を発生する。

③ 無機物…有機物以外の物質。

2 気体の性質

① 気体の集め方

▼ 上方置換法　▼ 下方置換法　▼ 水上置換法

- 上方置換法…水にとけやすく，空気より密度の小さい(軽い)気体を空気と置きかえて集める方法。

- 下方置換法…水にとけやすく，空気より密度の大きい(重い)気体を空気と置きかえて集める方法。

- 水上置換法…水にとけにくい気体を水と置きかえて集める方法。

② 気体の性質と発生方法 〈重要〉

▼ 二酸化炭素の発生方法

うすい塩酸

二酸化炭素

石灰石
(貝がら，卵のからなどでもよい)

- 二酸化炭素…無色，無臭の気体。空気より密度が大きい。石灰水に通すと石灰水が白くにごる。

- 酸素…無色，無臭の気体。空気の体積の約21％を占め，空気よりわずかに密度が大きい。水にとけにくい。ものを燃やすはたらき(助燃性)がある。

▼ 酸素の発生方法

過酸化水素水
(オキシドール)

酸素

二酸化マンガン

- 水素…無色，無臭の気体。空気より密度が小さく，水にとけにくい。火をつけると，水素自身が燃えて(可燃性)水ができる。

▼ 水素の発生方法

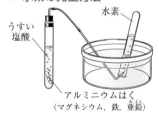

水素

うすい塩酸

アルミニウムはく
(マグネシウム，鉄，亜鉛)

- アンモニア…無色の気体で，鼻をつく刺激臭がある。空気より密度が小さい。水に非常によくとけ，その水溶液はアルカリ性を示す。塩化アンモニウムに水酸化カルシウムを混合して，加熱するとアンモニアが発生する。

気体	色・におい	密度	水へのとけやすさ	特徴
窒素	無色・無臭	空気よりわずかに小さい	とけにくい	空気の体積の約78％を占める。
塩素	黄緑色・刺激臭	空気より大きい	とけやすい	有毒な気体。水溶液は酸性を示し，漂白作用や殺菌作用がある。

3

3 水溶液の性質

◎重要①**質量パーセント濃度**…**溶質**の質量が**溶液**全体の質量の

何%にあたるかを示したもの。

$$質量パーセント濃度〔\%〕=\frac{溶質の質量〔g〕}{溶液の質量〔g〕}×100$$

$$=\frac{溶質の質量〔g〕}{溶質の質量〔g〕+溶媒の質量〔g〕}×100$$

②**飽和水溶液**…一定量の水に物質をとかしていき，**物質が**

それ以上とけることができなくなった水溶液。

注意! ● 溶解度…飽和水溶液にしたときのとけた物質の質量。**水100g にとけることの**

できる溶質の質量で表される。水の温度によって変化する。

▼ 溶解度曲線

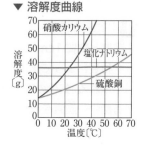

4 状態変化

①**状態変化**…物質が温度によって**固体，液体，気**

体とそのすがたを変える変化。

②状態変化と温度

● **沸点**…液体が加熱され，**沸とうして気体にな**

るときの温度。

● **融点**…固体が加熱され，**とけて液体になると**

きの温度。

▼ 物質の状態変化

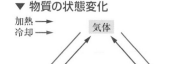

電流

1 回路

①**回路図**…回路のようすを，**電気用図記号**で表したもの。

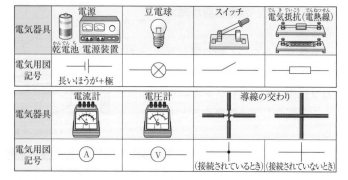

▼ 回路

▼ 回路図

②**電流**…回路を流れる電流は**電流計**ではかることができる。単位は，**アンペア**(記号:

A)や**ミリアンペア**(記号:mA)を用いる。**1A=1000mA**

③電圧…回路に電流を流そうとするはたらきを電圧といい，電圧計ではかることがで
きる。単位は，ボルト（記号：V）を用いる。

④直列回路…電流の流れる道すじが1本でつながっている回路。

- 電流の大きさはどの点でも同じである。
- 各部分に加わる電圧の和が電源の電圧になる。

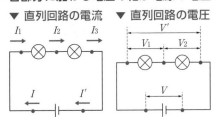

▼ 直列回路の電流　▼ 直列回路の電圧

直列回路の電流・電圧
電流…$I=I_1=I_2=I_3=I'$
電圧…$V=V_1+V_2=V'$

⑤並列回路…電流の流れる道すじが枝分かれしている回路。

- 枝分かれしたあとの電流の和が枝分かれする前の電流の大きさになる。
- 各部分に加わる電圧は電源の電圧と等しい。

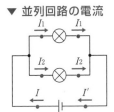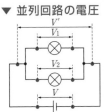

▼ 並列回路の電流　▼ 並列回路の電圧

並列回路の電流・電圧
電流…$I=I_1+I_2=I'$
電圧…$V=V_1=V_2=V'$

2 抵抗

○重要①オームの法則…電熱線を流れる電流の大きさは，
電熱線の両端に加わる電圧の大きさに比例する。

②電気抵抗…電流の流れにくさ。単位は，オーム
（記号：Ω）を用いる。

$$電気抵抗〔Ω〕＝\frac{加えた電圧〔V〕}{流れる電流〔A〕}$$

③回路全体の電気抵抗

注意！

オームの法則の表し方
抵抗R〔Ω〕の電熱線の両端にV〔V〕の電圧
を加えたときに流れる電流をI〔A〕とすると，

$$V=R×I \quad I=\frac{V}{R} \quad R=\frac{V}{I}$$

- 直列回路

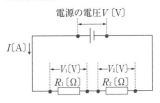

電源の電圧V〔V〕

全体の電気抵抗をR〔Ω〕とすると，$R=R_1+R_2$

- 並列回路

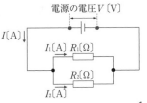

電源の電圧V〔V〕

全体の電気抵抗をR〔Ω〕とすると，$\frac{1}{R}=\frac{1}{R_1}+\frac{1}{R_2}$

3 電力

①電力…電気器具が一定時間に光や熱を出したり物体を運動させたりする能力。単位はワット(記号：W)。

> **電力の求め方**
> 電力〔W〕＝電圧〔V〕×電流〔A〕

②電流による発熱

● 熱量…電熱線などから発生した熱の量。単位はジュール(記号：J)が用いられる。1Wの電力で，電流を1秒間流したときに電熱線などから発生する熱量が1Jである。

> **水が受けとった熱量の求め方**
> 熱量〔J〕＝4.2×水の質量〔g〕×上昇温度〔℃〕

> **電流による発熱量の求め方**
> 発熱量〔J〕＝電力〔W〕×時間〔s〕

③電力量…電気器具で消費された電気エネルギーの量。単位は，ジュール(記号：J)が用いられる。

> **電力量の求め方**
> 電力量〔J〕＝電力〔W〕×時間〔s〕

4 静電気と放射線

①静電気…ちがう種類の物質をたがいに摩擦したときに，発生する電気。**物体が電気を帯びることを帯電という。**

②導体…金属のように，抵抗が小さく，**電流を通しやすい物質。**

③不導体(絶縁体)…ガラスやゴムのように，抵抗がきわめて大きく，**電流をほとんど通さない物質。**

● 放射線…X線，α線，β線，γ線，中性子線などがある。物質を通りぬける性質(**透過性**)や物質を変質させる性質をもつ。

● 多量に浴びると生物のからだに影響を及ぼすが，医療での診断や治療，農業や工業などに利用されている。

電流と磁界

1 電流がつくる磁界

①磁界…磁力のはたらく空間。

● **磁界の向き**…磁界中の方位磁針のN極がさす向き。

● 磁力線…磁界のようすを表した線。

◎重要②導線のまわりの磁界…電流を流すと，導線のまわりに**同心円状の磁界**ができる。

◎重要③コイルのまわりの磁界…電流を流すと，コイルの内側に**コイルの軸に平行な磁界**ができる。

● 磁界の向きは，電流の向きで決まる。磁界の強さは，**電流が大きいほど強く，コイルの巻数が多いほど強くなる。**

▼ 導線のまわりの磁界

電流の向き

磁界の向き

> **導線のまわりの磁界の向き**
> ねじの進む向き
> (電流の向き)
> ねじを回す向き
> (磁界の向き)

▼ コイルのまわりの磁界

磁力線

磁界の向き　電流の向き

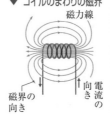

> **コイルのまわりの磁界の向き**
> 手をにぎる向き(電流の向き)
> 親指の向き
> (磁界の向き)
>
> 右手

❷ **電流が磁界から受ける力**

- 磁界の中にある導体に電流が流れると，導体は力を受けて動く。
- 力の向きは，電流の向きと磁界の向きで決まり，電流や磁界の向きを変えると，力の向きも変わる。力の強さは，電流や磁界を強くすると，強くなる。

▼ 電流が磁界から受ける力

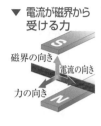

フレミングの左手の法則

❸ **電磁誘導**

①電磁誘導…コイルと磁石を遠ざけたり近づけたりして，コイルの中の磁界が変化すると，コイルに電圧が生じて電流が流れる現象。電磁誘導によって生じる電流を誘導電流という。

- コイルの巻数が多いほど，磁界の変化が大きいほど，磁石の磁力が大きいほど，誘導電流は大きくなる。

▼ 電磁誘導

原子・分子

❶ **物質の成りたち**

①分解…1種類の物質が2種類以上の別の物質に分かれる化学変化。

- 熱分解…熱による分解。　例 酸化銀 → 銀＋酸素
- 電気分解…電流による分解。　例 水 → 水素＋酸素

❷ **原子・分子**

①原子…物質をつくっている最小の粒子。

- 原子の性質…化学変化によって，それ以上分割できない。原子の種類によって，質量や大きさが決まっている。化学変化によって，なくなったり，新しくできたり，別の種類の原子に変わったりしない。

注意！ ● 元素記号

元素	元素記号	元素	元素記号	元素	元素記号
水素	H	ナトリウム	Na	銅	Cu
炭素	C	マグネシウム	Mg	亜鉛	Zn
窒素	N	アルミニウム	Al	銀	Ag
酸素	O	カルシウム	Ca	バリウム	Ba
硫黄	S	鉄	Fe	金	Au
非金属		金属			

②分子…いくつかの原子が結びついた粒子。物質の性質を示す最小の粒子である。

③単体…1種類の原子からできている物質。

化合物…2種類以上の原子が結びついてできている物質。

④化学式…物質を原子の記号を使って表したもの。

❸ 化学反応式

◎重要 ①化学反応式（かがくはんのうしき）の表し方　例 水の電気分解

注意！ ①反応前の物質を矢印の左側に，反応後の物質を矢印の右側に書く。

　　　　水 → 水素 ＋ 酸素

②それぞれの物質を化学式で表す。　H_2O → H_2 ＋ O_2

③化学変化の前後で，矢印の左側と右側の原子の種類と数を等しくする。

　　　$2H_2O$ → $2H_2$ ＋ O_2

化学変化

❶ 物質が結びつく化学変化

①2種類以上の物質が結びついて新しい物質ができる化学変化によってできた物質を化合物（かごうぶつ）という。

❷ 酸化

①酸化（さんか）…物質が酸素（さんそ）と結びつくこと。酸化によってできた物質を酸化物（さんかぶつ）という。
- 燃焼（ねんしょう）…物質が熱や光を出しながら激しく酸化すること。
- 銅（どう）の酸化…銅の粉末（赤色）を加熱（かねつ）すると，空気中の酸素によって酸化され，酸化銅（さんかどう）（黒色）ができる。
  化学反応式… $2Cu + O_2 → 2CuO$

▼ 銅の酸化

加熱前　　　　加熱後

❸ 還元

①還元（かんげん）…酸化物から酸素がうばわれる化学変化。
- 酸化銅の還元…炭素（たんそ）は酸化されて二酸化（にさんか）炭素（たんそ）になり，酸化銅は還元されて銅になる。
- 還元と酸化は同時に起こる。

▼ 酸化銅の還元
酸化銅の粉末と炭素の粉末の混合物

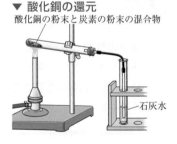

石灰水

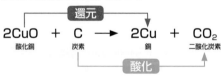

$$2CuO + C \longrightarrow 2Cu + CO_2$$
酸化銅　　炭素　　　　銅　　二酸化炭素

還元

酸化

❹ 化学変化と物質の質量

◎重要 ①質量保存（しつりょうほぞん）の法則（ほうそく）…化学変化の前後で物質全体の質量は変わらないという法則。

②一定の質量の金属と結びつく酸素の質量には限度があり，加熱をくり返すとやがて質量が変化しなくなる。また，完全に反応した金属の質量と結びついた酸素の質量の比は，つねに一定である。

▼ 加熱回数と質量の関係

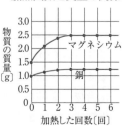

物質の質量〔g〕

マグネシウム

銅

加熱した回数〔回〕

5 発熱反応・吸熱反応

①発熱反応…熱が**発生**する化学変化。　②吸熱反応…熱を**吸収**する化学変化。

生物の特徴と分類

1 花のつくりとはたらき

重要①被子植物の花のつくり…めしべを中心におしべ，花
弁，がくの順についている。

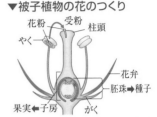

▼被子植物の花のつくり

- **受粉**…めしべの柱頭に花粉がつくこと。
- **果実と種子**…受粉後，子房は果実に，胚珠は種子
  になる。

②裸子植物(マツ)のつくり…マツの花は，**雌花と雄花**に分かれていて，花弁やがくは
ない。雌花には**子房がなく，胚珠はむき出し**のまま，直接，**りん片**についている。

2 種子植物の分類

①種子植物…種子をつくってなかまをふやす植物のこと。種子植物は，根・茎・葉の
区別がはっきりしており，花のつくりによって**被子植物と裸子植物**に分けられる。

- **被子植物**…胚珠が子房の中にある植物。
- **裸子植物**…子房がなく，胚珠がむき出しになっている植物。

②双子葉類と単子葉類…被子植物は，**双子葉類と単子葉類**に分けられる。

	子葉の数	葉脈のようす	茎の維管束	根のつくり
双子葉類	子葉が2枚	網目状 網状脈	輪状にならぶ	側根 主根 主根・側根がある
単子葉類	子葉が1枚	平行 平行脈	ばらばらに散らばっている	ひげ根

●**重要**③種子植物の分類

3 種子をつくらない植物

①種子をつくらない植物…種子をつくらずに，**胞子**をつくってなかまをふやす。**シダ
植物**(イヌワラビ，ゼンマイ)，**コケ植物**(スギゴケ，ゼニゴケ)などの植物。

4 セキツイ動物の分類

◎重要 ● セキツイ動物の分類

	魚類	両生類	ハチュウ類	鳥類	ホニュウ類
生活の場所	水中	子は水中,親は陸上	陸上(水中)	陸上	陸上(水中)
呼吸のしかた	えら	子はえらと皮膚,親は肺と皮膚	肺		
子のうまれかた	卵生				胎生
	水中に殻のない卵をうむ		陸上に殻のある卵をうむ		
体表のようす	うろこ	しめった皮膚	うろこやこうら	羽毛	毛
動物の例	マグロ, サメ,コイ	カエル, イモリ,サンショウウオ	トカゲ, ヤモリ,カメ	カラス, ツバメ,モズ	ネズミ, ウサギ,ヒト

5 無セキツイ動物の分類

● 無セキツイ動物…背骨をもたない動物で, 節足動物(バッタ, ムカデ, カニ)や軟体動物(アサリ, イカ)などがいる。

大地の変化

1 火山

①火山噴出物

● 溶岩…地下のマグマが地表に流れ出したもの。

● 火山灰…細かい溶岩の破片。粒の大きさは2mm以下。

◎重要 ②火成岩…マグマが冷えて固まってできた岩石。

● 深成岩…マグマが地下深いところでゆっくり冷えて固まった岩石。鉱物がすべて大きい結晶となり, 大きさもほぼそろったつくり(等粒状組織)をしている。

● 火山岩…マグマが地表または地表付近で急に冷えて固まった岩石。細かい結晶やガラス質からなる石基の中に大きな結晶である斑晶がちらばったつくり(斑状組織)をしている。

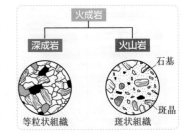

③火成岩をつくる鉱物…セキエイ, チョウ石, クロウンモ, カクセン石などの鉱物。

④火成岩の分類…無色鉱物の割合が多い火成岩は白っぽい色になり, 有色鉱物の割合が多い火成岩は黒っぽい色になる。

2 地震

①震源…地震が発生した地下の場所。
震央…震源の真上の地表の地点。

◎重要 ②地震のゆれ

● 初期微動…地震が発生したとき, P波によるはじめに起こる小さなゆれ。

▼ 震源と震央

▼ 地震のゆれ

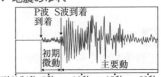

● 主要動…初期微動のあとに続いて起こる，S波による**大きなゆれ**。

③震度…地震による**ゆれの大きさ**。10段階。

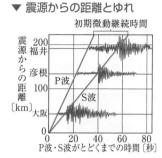

▼ 震源からの距離とゆれ

初期微動継続時間

震源からの距離〔km〕

200 福井
彦根
100
大阪 P波
S波

0 20 40 60 80
P波・S波がとどくまでの時間〔秒〕

● マグニチュード(M)…地震そのものの**規模**。

注意！ ④初期微動継続時間…ある観測地点での，P波が到着してからS波が到着するまでの時間(初期微動が続く時間)。ゆれを伝える2つの波の速さが異なり，またそれぞれ一定の速さで進むため，一般に**初期微動継続時間と震源からの距離は比例する**。

3 大地の変化

①地層…流水が運んできた土砂や火山灰などが堆積し，層状に重なったもの。

● 流水によって運ばれてきたれきや砂は，海や湖に達すると**粒の大きいものから順に堆積して層をつくる**。連続して堆積した場合，**下の層は上の層より古い**。

②化石…地層の中に見られる，地層ができた当時の動物や植物の死がいや生活のあと。

● 示相化石…地層が堆積した当時の**環境**を知る手がかりとなる。示相化石にはサンゴ(あたたかくて浅い海)，シジミ(湖や河口)などがある。

● 示準化石…地層が堆積した**年代**を知る手がかりとなる。示準化石には次のようなものがある。

　　古生代：サンヨウチュウ，フズリナ

　　中生代：アンモナイト

　　新生代：ビカリア

重要 ③堆積岩

● 粒の大きさによる分類…れき岩，砂岩，泥岩。

● 石灰岩…うすい**塩酸**をかけると**二酸化炭素**が発生する。

● チャート…非常にかたく，うすい塩酸にとけない。

● 凝灰岩…**火山灰**などの火山噴出物が降り積もって固まったもの。

④大地の変動

● しゅう曲…地層が波打つように曲がったもの。

● 断層…地層に大きな力がはたらいて生じたずれ。

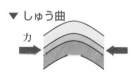

▼ しゅう曲

力

▼ 断層

4 大地の変化による恵みと災害

①大地の変化による恵み…美しい景観や，火山の熱を利用した**温泉**，**地熱発電**など。

②大地の変化による災害

● 火山災害…**溶岩流**，**火山灰**，火砕流など。

● 地震災害…建物の倒壊，土砂くずれ，液状化現象，**津波**(震源が海底の場合)など。

生物のからだのつくりとはたらき

1 細胞のつくり

◎重要 ①**細胞のつくり**…**核**と**細胞膜**は，植物の細胞にも動物の細胞にも見られる。
● **染色液**…酢酸オルセインまたは酢酸カーミン。核を染色して観察しやすくする。

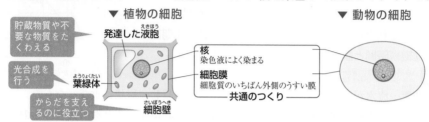

▼ 植物の細胞　　　　　　　　　　　　　　　▼ 動物の細胞

貯蔵物質や不要な物質をたくわえる → **発達した液胞**

光合成を行う → **葉緑体**

からだを支えるのに役立つ → **細胞壁**

核
染色液によく染まる
細胞膜
細胞質のいちばん外側のうすい膜
共通のつくり

2 根・茎・葉のつくりとはたらき

①**根のつくり**
● **主根と側根**…太い根（主根）から細い根（側根）が出ているもの。
● **ひげ根**…たくさんの細い根からなるもの。

②**茎のつくり**
● **道管**…水や水にとけた養分（肥料）の通り道。
● **師管**…光合成でできた栄養分の通り道。
● **維管束**…道管と師管が集まった部分。

◎重要 ③**葉のつくり**
● **葉緑体**…細胞の中にある緑色の粒。光を受けて光合成を行う。
● **葉脈**…葉にあるすじ。水や栄養分が通る管がたくさん集まっている。
● **気孔**…三日月形をした2つの孔辺細胞で囲まれた小さなすき間。一般に葉の**裏側の表皮に多い**。この気孔を通して，光合成や呼吸にかかわる酸素，二酸化炭素の出入りがある。また，蒸散による水蒸気も大気中に放出される。

④**蒸散**…植物が根で吸収し，茎を通って葉に運んだ水を，**水蒸気として気孔から出す現象**。蒸散はよく晴れた日中にさかんに行われる。

▼ 根のようす
ホウセンカ　　トウモロコシ
主根
側根
ひげ根

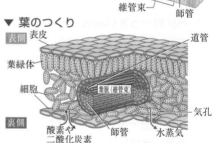

▼ 茎のつくり
道管
維管束
師管

▼ 葉のつくり
表側　表皮
葉緑体
細胞
裏側
道管
葉脈（維管束）
気孔
酸素や二酸化炭素
師管
水蒸気

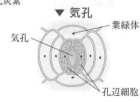

▼ 気孔
気孔
葉緑体
孔辺細胞

3 光合成・呼吸

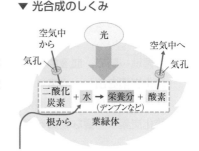

▼ 光合成のしくみ

重要 ①光合成…植物が緑色の葉に**太陽の光**を受けて，**デンプンなどの栄養分**をつくるはたらき。
- 光合成は，葉の細胞に多くふくまれる**葉緑体**で行われる。ふ入りの葉のふの部分には**葉緑体がない**ので，光合成は行われない。また，葉の一部をアルミニウムはくでおおって光を当てないと，そこでは光合成が行われない。
- デンプン…ヨウ素液が**青紫色**になることで確認ができる。

②呼吸…動物と同じように，**生活に必要なエネルギーを得るために呼吸を行う**。呼吸には，デンプンなどの栄養分と**酸素**が使われる。酸素は気孔からとり入れられる。

③光合成と呼吸
- 昼は，光合成と呼吸が行われ，夜は，呼吸だけが行われる。

注意! 呼吸は1日中行われることに注意すること。

4 消化と吸収

①消化…消化管の運動で細かくされた食物が，**消化酵素**のはたらきで体内に吸収される物質になるまでの一連の流れ。
- 消化管…**口→食道→胃→小腸→大腸→肛門**とつながった1本の長い管。
- **消化酵素のはたらき**…おもに**消化液**にふくまれ，それぞれ決まった養分を分解する。

注意! 消化のしくみ…消化酵素のはたらきで，食物にふくまれていたデンプンは**ブドウ糖**，タンパク質は**アミノ酸**，脂肪は**脂肪酸とモノグリセリド**にまで分解される。

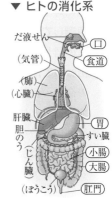

▼ ヒトの消化系

だ液せん
（気管）
（肺）
（心臓）
肝臓
胆のう
すい臓
（じん臓）
（ぼうこう）

口
食道
胃
小腸
大腸
肛門

重要 ②養分の吸収…ブドウ糖とアミノ酸は，小腸の**柔毛**から吸収されて**毛細血管**に入り，**肝臓**を通って全身の細胞に送られる。脂肪酸とモノグリセリドは，柔毛に吸収されて再び脂肪となり，リンパ管に入る。

5 呼吸・血液の循環・排出

①肺のつくり…肺は，**気管支**と**肺胞**という小さなふくろが多数集まってできている。
- 肺胞のまわりには**毛細血管**がはりめぐらされ，肺胞内の空気中の**酸素**が血液にとりこまれ，血液中の二酸化炭素が肺胞に出される。

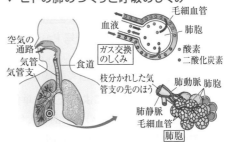

▼ ヒトの肺のつくりと呼吸のしくみ

毛細血管
血液
肺胞
酸素
二酸化炭素
空気の通路
気管
気管支
ガス交換のしくみ
食道
枝分かれした気管支の先のほう
肺動脈
肺胞
肺静脈
毛細血管
肺胞

●重要 ②血液の循環

- 心臓…心房と心室が周期的に収縮し，血液を送り出している。この周期的な動きを拍動という。
- 肺循環…肺で，血液中に酸素をとりこんで，二酸化炭素を出し，心臓にもどる。
- 体循環…全身の細胞に酸素と養分をわたし，二酸化炭素や不要な物質を受けとって，心臓にもどる。

③血液の成分…血しょうという液体成分と，赤血球，白血球，血小板という固形成分からできている。

- ヘモグロビン…酸素の多いところで酸素と結びつき，酸素の少ないところで結びついていた酸素の一部をはなす。

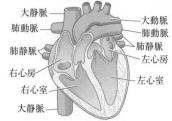

▼ 心臓の断面図

大静脈　大動脈
肺動脈　肺動脈
肺静脈　肺静脈
右心房　左心房
右心室　左心室
大静脈

（正面から見た図）

▼ 血液の成分

赤血球　血小板
白血球　血しょう

6 感覚器官と反応

①神経系…中枢神経（脳やせきずい）と末しょう神経（感覚神経と運動神経）。

②刺激に対する反応

- **意識して起こる反応**…感覚器官からの信号が感覚神経を通って脳に伝わって，感覚が生じる。脳からの命令の信号は，運動神経を通して筋肉などに伝えられる。

注意! ● 反射…刺激を受けたとき，意識とは無関係に起こる反応。直接，せきずいなどから命令の信号が運動神経に伝えられる。

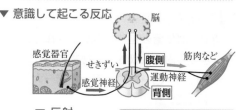

神経系 ┬ 中枢神経…脳やせきずい
　　　　└ 末しょう神経 ┬ 感覚神経…感覚器官→中枢神経
　　　　　　　　　　　　└ 運動神経…中枢神経→筋肉など

▼ 意識して起こる反応

脳
感覚器官　せきずい　腹側　筋肉など
感覚神経　運動神経　背側

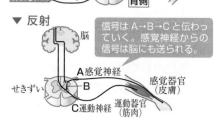

▼ 反射

脳
A感覚神経
B
せきずい
C運動神経
運動器官（筋肉）
感覚器官（皮膚）

信号は A→B→C と伝わっていく。感覚神経からの信号は脳にも送られる。

天気

1 大気の中ではたらく力

①圧力…一定面積あたりの面を垂直におす力のはたらきのこと。

単位はパスカル（記号 Pa）やニュートン毎平方メートル（記号 N/m^2）など。

$$圧力〔Pa〕 = \frac{力の大きさ〔N〕}{力がはたらく面積〔m^2〕}$$

②大気圧（気圧）…大気による圧力。単位はヘクトパスカル（記号 hPa）。

- 上空にいくほど，その上にある大気の重さが小さくなるので，大気圧は小さくなる。
- あらゆる向きから物体の表面に垂直にはたらく。

2 天気図

意! ①天気図記号…天気，風向，風力を表す記号。

▼ 天気を表す記号

天気	快晴	晴れ	くもり	雨	雪	霧
記号	○	①	◎	●	⊗	◉

例）天気図記号
北東の風・風力4・天気晴れ

風向 風力

○─天気

等圧線（1000hPaを基準に4hPaごとに引いてある）

D C B A　996hPa / 1004hPa / 1010hPa / 1015hPa

②等圧線…気圧が等しい地点を結んだ曲線。1000hPa を基準に 4hPa ごとに引き，20hPa ごとに太くする。

重要 ③高気圧・低気圧と風（北半球）

● 高気圧…中心付近では下降気流が生じ，時計まわりに風がふき出す。中心付近では，下降気流によって雲ができにくく，晴れることが多い。

● 低気圧…中心付近では上昇気流が生じ，反時計まわりに風がふきこむ。中心付近では，上昇気流によって雲ができやすく，くもりや雨になることが多い。

3 前線と天気の変化

★重要 ①寒冷前線…前線面の傾きが急で，激しい上昇気流が生じる。積乱雲などが発達し，せまい範囲に激しい雨を短時間に降らせる。前線通過後は，北よりの風がふき，寒気におおわれるために気温は下がる。

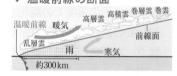

▼ 寒冷前線の断面

前線面　積乱雲
積雲
暖気
寒気　雨　寒冷前線
約70km　前線の進行方向

★重要 ②温暖前線…前線面の傾きがゆるやかで，おだやかな上昇気流が生じる。広い範囲に乱層雲などが発達し，雨が降る範囲が広く，おだやかな雨が長い時間にわたって降る。前線通過後は，南よりの風がふき，暖気におおわれるために気温は上がる。

▼ 温暖前線の断面

高積雲　高層雲　巻層雲　巻雲
温暖前線　暖気
乱層雲　前線面
雨　寒気
約300km

4 大気の動き

①偏西風…地球の中緯度帯の上空で，西から東へ向かって，地球を1周するような大気の動き。

②海陸風

● 海風…日中，海岸地方で，**海上から陸上へ向かってふく風**。日中は陸上の気温が海上よりも高くなるため，陸上の気圧が海上よりも低くなり，海上から陸上へ向かって風がふく。

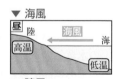

▼ 海風
昼　陸
高温　海風　海
低温

● 陸風…夜間，海岸地方で，**陸上から海上へ向かってふく風**。夜間は陸上の気温が海上よりも低くなるため，陸上の気圧が海上よりも高くなり，陸上から海上へ向かって風がふく。

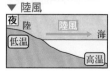

▼ 陸風
夜　陸
低温　陸風　海
高温

5 日本の天気

①日本の四季の天気

◎重要 ● **冬の天気**…冷たく，乾燥した**シベリア気団**が発達する。**西高東低**の気圧配置になり，シベリア気団から北西の**季節風**がふく。

● **春と秋の天気**…低気圧と**移動性高気圧**が交互に発生する。

● **梅雨前線**…オホーツク海気団と小笠原気団の間に東西に長くのびた**停滞前線**ができる。

◎重要 ● **夏の天気**…**小笠原気団**が勢力を増す。**南高北低**の気圧配置になり，あたたかくしめった**南東**の季節風がふき，蒸し暑くなる。

● **台風**…熱帯地方で発生した**熱帯低気圧**のうち，**中心付近の最大風速が 17.2m/s 以上**のもの。

● 気象による災害…夏の晴天による水不足や熱中症，前線の発達による急な豪雨（**ゲリラ豪雨**などとよばれる）による災害，台風にともなう強風や**高潮**，大雨による洪水や土砂くずれ，冬の大雪によるなだれなどがある。

▼ 冬の天気図

▼ 夏の天気図

6 大気中の水の変化

①**飽和水蒸気量**…空気 1m³ 中にふくむことができる水蒸気の最大量。

◎重要 ②**湿度**…空気 1m³ 中にふくまれる水蒸気量を，その温度での飽和水蒸気量に対しての**割合（百分率）**で示したもの。

③**露点**…水蒸気が凝結し始める温度。

> 湿度の求め方
>
> $$湿度[\%] = \frac{空気 1m³ 中にふくまれる水蒸気量[g/m³]}{その温度での飽和水蒸気量[g/m³]} \times 100$$

● 凝結…水蒸気をふくむ空気を冷やしていくと，ある温度で湿度が 100％になり，水蒸気が水滴に変わること。

④**雲のでき方**…**空気のかたまりが上昇**すると，まわりの気圧が低いために**膨張**し，**温度が下がる**。さらに上昇して，空気のかたまりの温度が露点以下に下がると，空気中の水蒸気の一部が凝結して，**水滴や氷の結晶に変わる**。このようにしてできた水滴や氷の結晶が集まって雲ができる。

▼ 雲のでき方

氷の結晶
水滴
凝結核
太陽の光
上昇
水蒸気
空気のかたまり
空気が膨張し，温度が露点以下に下がると，雲ができる。
さらに上昇すると，雲が発達する。
地面の熱であたためられた空気は上昇し始める。
地上